コンクリート構造物の難透水性評価

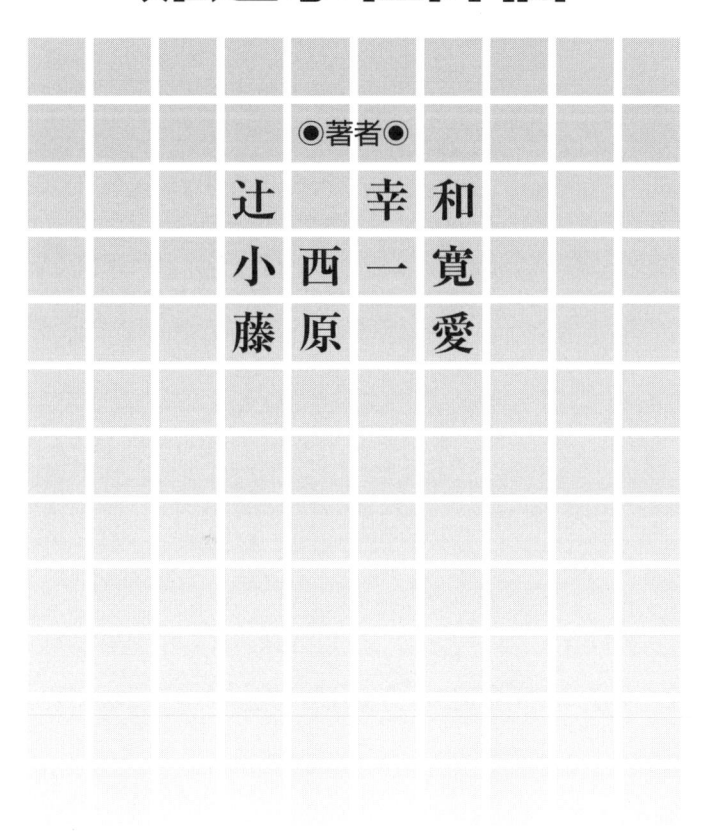

●著者●
辻　幸和
小西一寛
藤原　愛

技報堂出版

序　文

　コンクリート構造物には，水密性あるいは難透水性を要求されることが多い。コンクリート自体は，水セメント比や粗骨材の最大寸法などに留意すれば，透水性の極めて小さい難透水性にすることが容易である。しかしながらコンクリート構造物としては，施工やその後の硬化の過程などにおいて，打継目，材料分離，ひび割れなどの止水欠陥が生じ易くなる。そのため，これまでは水密性あるいは難透水性を評価して鉄筋コンクリート構造物が構築されることは無かった。

　各種の地下施設や貯蔵施設等の水密性あるいは難透水性が要求されるコンクリート構造物では，材料・構造・施工および維持管理の面から必要に応じて，防水処理工や排水設備等の漏水対策が施されてきた。しかし，長期にわたり難透水性が求められる施設においては，漏水対策に長期性能が不明な止水材等は用いることができない。また補修が困難な構造物でもある。このような事情から，コンクリートが有する難透水性の性能を適切に評価し，安全な鉄筋コンクリートの施設を経済的に構築することが，社会的な要請となっている。

　本書では，難透水性の中空円筒形のマッシブな鉄筋コンクリート構造物を構築して開発してきた技術を，取りまとめ解説する。この技術開発には，近年において材料・構造・施工の各分野にわたり発展してきた温度ひび割れの抑制技術を駆使している。そして，このようなコンクリート構造物において，その難透水性を評価する手法および技術についてもまとめて提示する。

　すなわち，対象とするマッシブな鉄筋コンクリート構造物は，壁厚が1m以上のマスコンクリートである。温度ひび割れや打継目の剥離・ずれなどの止水欠陥が発生しやすく，またコンクリートの打込み後にブリーディング水が上昇し，せん断補強鉄筋等の貫通鋼材や粗骨材の下面に溜まり，水みちを著しく形成することが懸念される大型のマッシブな鉄筋コンクリート構造物である。そして，各種の温度ひび割れの抑制技術を用いて，温度ひび割れの制御レベルを変えた4体の中空円筒形鉄筋コンクリート構造物を構築する施工実験を行った結果を報告する。

施工時における温度ひび割れを防止できたことについても実証している。さらに，鉄筋コンクリート構造物の難透水性を定量的に評価するために，加圧注水型の評価方法を提案する。この方法は，試験体の内空湛水部に加えた圧力と初期注水量から，実用的な平均透水係数を算定する方法である。そして，透水試験を長期間にわたり実施して，温度ひび割れの制御効果を平均透水係数により評価できることも提示している。

　社会基盤施設の整備はまだ不十分な段階である。今後構築される鉄筋コンクリート構造物がその難透水性を所要の品質として適切に定量評価されることに，本書が寄与できれば，著者一同として望外の幸甚である。

2004年8月

著者一同

目　　次

第1章　まえがき ………………………………………………………………… 1

第2章　本書の概要 ……………………………………………………………… 5
2.1　温度・温度応力解析手法の妥当性の検証 ……………………………… 6
2.2　コンクリート自体の透水性状の確認 …………………………………… 7
2.3　初期注水量によるコンクリート構造物の透水性評価方法の提案 …… 7
2.4　本書の構成 ………………………………………………………………… 8

第3章　鉄筋コンクリート構造物の透水性評価方法 ……………………… 11
3.1　建設材料の透水試験方法 ………………………………………………… 11
3.2　鉄筋コンクリート構造物の透水試験方法 ……………………………… 13
3.3　加圧注水型透水試験方法 ………………………………………………… 13
3.4　まとめ ……………………………………………………………………… 16

第4章　コンクリート自体の透水性状 ……………………………………… 19
4.1　はじめに …………………………………………………………………… 19
4.2　透水試験体の概要 ………………………………………………………… 19
4.3　透水試験方法 ……………………………………………………………… 21
4.4　飽和透水性状 ……………………………………………………………… 23
　　4.4.1　初期静置試験（無加圧）におけるコンクリートの自己収縮と吸水 …… 23
　　4.4.2　初期透水性状 ………………………………………………………… 24
　　4.4.3　長期透水性状 ………………………………………………………… 28
4.5　初期注水量による透水係数の評価 ……………………………………… 29
4.6　まとめ ……………………………………………………………………… 31

iii

第5章　ひび割れを制御した中空円筒形鉄筋コンクリート構造物の透水性状 ―― 33

- 5.1　施工実験 ·· 33
  - 5.1.1　施工 ··· 33
  - 5.1.2　施工時における温度応力の検討 ············· 41
  - 5.1.3　施工後のひび割れ ······························· 43
  - 5.1.4　施工実験のまとめ ······························· 48
- 5.2　透水性状 ·· 49
  - 5.2.1　コンクリート単体の透水係数 ················· 49
  - 5.2.2　段階昇降圧による初期透水試験 ············· 50
  - 5.2.3　注水圧が一定の透水試験 ······················· 57
  - 5.2.4　加圧注水法の妥当性の検討 ···················· 61
  - 5.2.5　透水試験のまとめ ······························· 68

第6章　ひび割れを防止した中空円筒形鉄筋コンクリート構造物の難透水性状 ―― 71

- 6.1　施工実験 ·· 71
  - 6.1.1　施工 ··· 71
  - 6.1.2　温度および温度応力の計測 ···················· 84
  - 6.1.3　温度および温度応力の解析と温度ひび割れ指数の評価 ·············· 88
  - 6.1.4　施工実験のまとめ ······························· 102
- 6.2　透水性状 ·· 104
  - 6.2.1　透水試験中に生じたひび割れ ················· 104
  - 6.2.2　コンクリート単体の透水係数 ················· 105
  - 6.2.3　中空円筒形鉄筋コンクリート構造のひび割れ防止試験体における長期透水性状 ·············· 106
  - 6.2.4　透水試験のまとめ―難透水性の確認― ················· 112

第7章　中空円筒形鉄筋コンクリート構造物における温度ひび割れ指数と平均透水係数の関係 ―― 115

第8章　まとめ ―― 119

第1章 まえがき

　地下コンクリート構造物における漏水の事例をみると，健全なコンクリート部分からの漏水はほとんど無い。漏水は，ひび割れ，打継目や貫通した鋼材周りからの場合が一般的である。コンクリート自体の透水性がきわめて小さいことは，透水試験により確認されている。そして，コンクリート構造物に生じる止水欠陥は，コンクリートの施工および硬化の過程で形成されるといえる。

　コンクリートは，粗骨材，細骨材，セメント，水および混和材料をミキサの中で練り混ぜ，現場で打ち込むと，その後はセメントの水和反応により硬化する材料である。したがって，打込み中に粗骨材が材料分離し，また打込み後にブリーディング水がせん断補強鉄筋やセパレータ等の貫通鋼材の下面に溜まると，止水欠陥になる可能性がある。また，大型コンクリート構造物では，配筋，打込み，型枠・支保工等の施工上の制約から分割施工となり，各ブロック間には打継目が形成される。さらに，マスコンクリート構造物では，旧コンクリート上に打ち込む新コンクリートに，セメントの水和熱による温度昇降に伴い温度応力が発生する。この温度応力により新コンクリートには温度ひび割れが，また打継目が引張やせん断力を受けると剥離や横ずれがそれぞれ発生する可能性がある。以上のことが，これまでコンクリート構造物が難透水性材料あるいは低透水性材料として扱われてこなかった主な理由である。

　そのため，従来の各種地下施設や貯蔵施設等の水密コンクリート構造物では，材料・構造・施工およびメンテナンスの面から必要に応じて，防水処理工や排水設備等の漏水対策を施してきた。しかし，長期にわたり難透水性材料あるいは低透

第1章：まえがき

水性が求められる廃棄物処分施設においては，長期性能が不明な止水材は使用できない。またメンテナンスができないことから，材料自体が有する難透水性あるいは低透水性を適切に評価し，安全な鉄筋コンクリート施設を経済的に構築することが社会的な要請となっている。

現在，地下あるいは地中深く設置される放射性廃棄物処分施設の止水材料の一つとして，ベントナイト系の人工バリア材が有力な材料として検討されている。しかしながら，多重バリアの採用および経済性等の観点からは，セメント系のコンクリート材料も検討されている。従来から用いられてきたベントナイト系材料は，土粒子材料として充填突固め等の施工後に，地下水を吸水膨潤することから，追随性に富み止水性に優れている。しかしながら，その剛性が軟化し，構造材料としては期待できない可能性がある。コンクリートは，これに対して流動材料として打込み，締固める施工後には，セメントの水和反応により硬化し，組織が緻密になって水密性に優れている。しかしながら，セメントの水和反応熱や水和収縮により貫通性のひび割れが発生し，止水性能が低下する可能性がある。また，コンクリートは脆性材料のために，施工後の外荷重作用によりひび割れが発生したり，鉄筋の腐食やコンクリートの溶解等といった品質の低下が促進される可能性がある。このように両材料が相反する性質をもつことは，複合バリアの観点から相互に補完すれば望ましいものである。しかしながら，悪影響を及ぼし合うことも懸念され，近年研究が活発に行われてきた[1,2]。

温度ひび割れの制御対策は，近年において材料・構造・施工の各分野にわたり発展してきた。材料的には，低熱ポルトランドセメントの使用，コンクリートの冷却等により上昇温度とセメントの水和発熱量を抑制できる技術が確立されてきた。構造的には，打込みブロックを工夫して外部拘束の低減が図られてきた。また施工的には，保温養生によりコンクリート内部と外部の温度差の低減が図られてきた。そして，温度および温度応力の発生メカニズムは，近年の有限要素法FEMによる温度および温度応力解析と実構造物の性状の比較を通じてかなり明らかにされるとともに[3]，スラブ，壁状の大型試験体によりその挙動も確かめられてきた[4]。また，温度ひび割れの発生確率は，コンクリートの引張強度を温度応力で除して定義される「温度ひび割れ指数」と密接な関係があることが明らかになり，技術基準にも規定されてきた[5]。そして，貫通性のひび割れ[6]や非貫通性のひび

割れ[7]と透水性の関係についての知見も蓄積してきた。

　このような背景から，コンクリート構造物の初期欠陥をできるだけ抑制することが，長期にわたるコンクリートの難透水性や低透水性に寄与すると考えられ，新しい低熱ポルトランドセメントの採用等による温度ひび割れの制御対策を駆使して，大型のマッシブな鉄筋コンクリート試験体を構築し，温度ひび割れの抑制を目指すことが可能となってきた。

　一方，コンクリート構造物の温度ひび割れ抑制効果を確認するための透水性評価手法は，まだ確立されていない。コンクリート構造物の透水性を解析的に評価するには，透水経路を特定しその透水量を累積して全体の透水性を予測する方法が提案されている。この解析に必要な止水欠陥部の長さ，幅，深さといった透水経路形状についてはほとんど予測できず，ひび割れ以外の透水性を評価する係数も評価手法が報告されているにすぎない。そのため解析的に鉄筋コンクリート構造物の透水性を評価するのは困難である。したがって，最近では，大型のマッシブな鉄筋コンクリート構造物の透水性を実験的に評価することが試みられている。

　本書では，温度ひび割れ抑制技術を駆使して中空円筒形のマッシブな鉄筋コンクリート構造物を構築し，その難透水性を評価する手法および技術をまとめて解説する。すなわち，対象とするマッシブな鉄筋コンクリート構造物は，壁厚が1m以上のマスコンクリートとしている。その理由は，①温度ひび割れや打継目の剥離・ずれ等の止水欠陥を発生させるには，打込み後に温度や温度応力が増大するマスコンクリートの構築が欠かせないためである。また，②コンクリートの打込み後にブリーディング水が上昇し，せん断補強鉄筋等の貫通鋼材や粗骨材の下面に溜まり水みちを形成する可能性があり，大型のマッシブな鉄筋コンクリート構造物における一般部のコンクリートの水密性についても，形状寸法が大きくなることにより止水性が低下することが懸念されるためである。そして，③大型のマッシブな鉄筋コンクリート構造物を実際に構築して，実証することが必要になるためである。

● 参考文献

1) 田中，長崎，大江，広永，村岡，油井，妹尾，藤原，芳賀，坂本，藤田，石崎，天野：放射性廃棄物処分システムにおいてセメントに期待される役割，日本原子力学会誌，Vol.39, No.12, pp.2～12(1997.12)

第1章:まえがき

2) 広永道彦:放射性廃棄物処分の将来展望とコンクリート技術, コンクリート工学, Vol.37, No.3, pp.3〜10(1999.3)
3) 日本コンクリート工学協会, マスコンクリートの温度応力研究委員会報告書(1985.11)
4) 石川雅美, 前田強司, 西岡哲, 田辺忠顕:マスコンクリートの熱変形および熱応力に関する実験的研究, 土木学会論文集, 第408号/V-11, pp.121〜130(1989.8)
5) 土木学会コンクリート標準示方書(平成8年度制定)施工編, pp.182〜193(1996.3)
6) 土木学会, コンクリートライブラリー79 コンクリート技術の現状と示方書改訂の動向, pp.143〜144(1994.7)
7) 遠藤孝夫, 広永道彦, 名倉健二, 田辺忠顕:非貫通ひび割れを有するコンクリートの水密性評価法の検討, コンクリート工学年次論文報告集, Vol.21, No.2, pp.865〜870(1999.6)

第2章 本書の概要

　大型でマッシブな鉄筋コンクリート構造物では，温度ひび割れ等の止水欠陥が生じる可能性がある。大型の地下施設や貯蔵施設および放射性廃棄物処分施設では，低透水性や難透水性が求められるために，温度ひび割れを抑制した大型の鉄筋コンクリート構造物を構築し，その透水性を評価する必要がある。その評価上の問題点には，図-2.1にまとめたような課題がある。それらを解決できる高度化

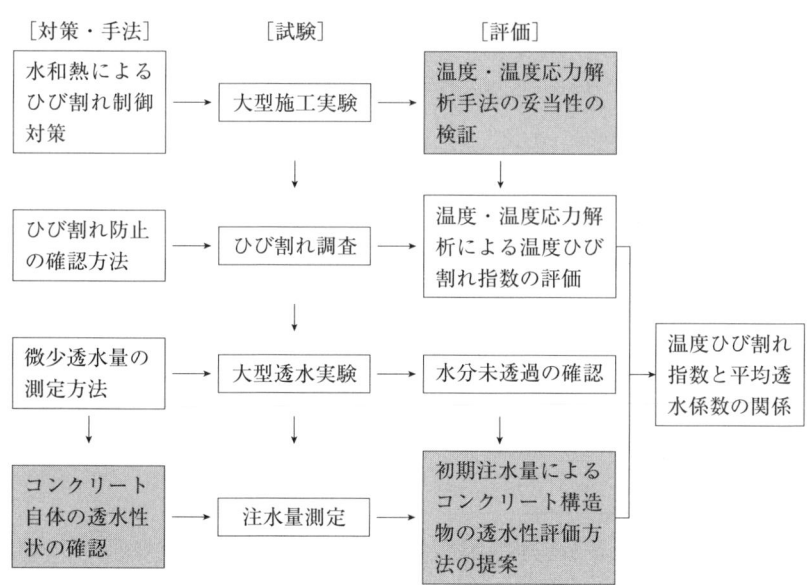

図-2.1 鉄筋コンクリート構造物の難透水性評価に関する主な技術的課題

第2章:本書の概要

手法や技術をそれぞれ開発することにより，難透水性の大型のマッシブな鉄筋コンクリート構造物が構築できる。

本書では開発した高度化手法や技術を，以下に述べる。これまでの手法や技術を高度化することにより，難透水性の大型のマッシブな鉄筋コンクリート構造物をはじめて構築することができるのである。

2.1　温度・温度応力解析手法の妥当性の検証

温度ひび割れの制御対策を駆使して大型のマッシブな鉄筋コンクリート構造物を構築し，温度ひび割れを抑制したとしても，大型とはいえ実験により確認できる試験体の大きさには限界がある。実際の大型の地下施設や放射性廃棄物の処分施設は，さらに大型でマッシブな鉄筋コンクリート構造物が想定されることから，実際の鉄筋コンクリート構造物のひび割れ制御は，温度・温度応力の解析法により予測する手法しかない。したがって，温度・温度応力の解析精度は高くしておく必要がある。そこで，温度ひび割れの制御対策を駆使して温度ひび割れを防止した鉄筋コンクリート構造物をシミュレーション解析し，計測値と比較することにより，温度および温度応力の発生メカニズムに基づく解析手法の妥当性を検証する。

本書では，鉄筋コンクリート構造物の材料実験，外部環境のデータに基づき温度・温度応力の解析を繰返し行い，温度・温度応力の解析値と計測値の整合性を検証することにより，温度・温度応力の解析手法の妥当性を評価する方法を提示する。

具体的には，材料試験や計測により得られる熱物性を解析条件に直接反映させ，打込みブロックの温度を代表する位置に埋設した温度センサーについての計測値に対して，忠実な温度シミュレーションを行う。つぎに，得られた温度シミュレーションの結果を用い，材料試験や計測により得られる力学的特性を解析条件に直接反映させ，躯体中央に埋設した有効応力計の実測データに対して，温度応力のシミュレーションを行う。その結果得られるシミュレーションの精度および同定された解析条件から，温度および温度応力の解析上の課題を明らかにする。

2.2 コンクリート自体の透水性状の確認

　一般的にコンクリート材料は低透水性であり，透水試験にはアウトプット法やインプット法などが用いられている。アウトプット法は，一定の圧力を加えた供試体の流出量を測定し，圧力と流出量の関係からダルシーの法則により，コンクリート自体の透水係数を評価する最適な方法である。しかし，文献[1]によると円柱形[2]あるいは中空円筒形[3,4]の供試体を用いることから，透水断面積と比較して試験装置との境界が長く，流出が早い場合には界面透水が危惧される。反対に，流出量が微小で安定するまでに長期間を要する場合には，ごく初期材齢で行うか，試験期間を長くするか，供試体を極端に薄くするか，水圧を著しく大きくするかなどの配慮が必要である。

　そこで，一定の圧力かつ所定の時間で供試体に圧入した浸透深さから，コンクリート内の水の拡散係数を評価する浸透深さ法[5,6]，浸透法[7]等のインプット法が，比較的短期間に試験が可能なためによく利用されている。しかし，これらの方法によりコンクリートの透水係数を評価するには，体積弾性率等を推定することが必要となり，間接的な換算方法になる。

　そのため，境界をできるだけ短くした鉄筋コンクリートの中空円筒形小型試験体を作製し，コンクリートには理想的なアウトプット法による透水試験を5年間以上にわたり実施した結果を報告する。そして，コンクリート自体の透水性状を確認し，新たに開発した鉄筋コンクリート構造物の透水性を評価する方法についても紹介する。

2.3 初期注水量によるコンクリート構造物の透水性評価方法の提案

　鉄筋コンクリート構造物は，一般的に健全なコンクリート部とひび割れや打継目等からなる止水欠陥部から構成され，透水性状は一様ではない。ひび割れ等の止水欠陥部は透水性が大きく，透水性評価は透水量により可能なのに対して，健全なコンクリート部は難透水性あるいは低透水性で，透水性評価にはアウトプット法やインプット法を適用する必要がある。

　しかし，大型でマッシブな鉄筋コンクリート構造物に対しては，アウトプット

第2章：本書の概要

法では透過しないし，インプット法では割裂できないことから，大型の鉄筋コンクリート構造物に適した透水性の評価方法を開発しなければならない。

本書では，試験温度を一定としたマッシブな鉄筋コンクリート構造物に，圧力が一定な加圧注水試験を5年間以上行って，初期注水量が定常透水量より大きいとみなす加圧注水型の透水試験方法を提案する。

2.4 本書の構成

本書は，以下の構成で，難透水性鉄筋コンクリート構造物の構築方法とその評価方法を解説する。

第3章では，既往の透水試験方法を調査比較した結果，大型鉄筋コンクリート構造物の実用的な透水性評価方法としては，透水試験の初期に測定される注入量により評価する加圧注水型の透水性評価方法を提案し，その特徴と試験条件について解説する。

第4章では，小型中空円筒形の鉄筋コンクリート試験体のアウトプット法による飽和透水試験を5年の長期間実施した結果について紹介する。すなわち，まず飽和透水試験前の無加圧時には鉄筋コンクリート試験体が吸水する現象が観測され，加圧初期には注水するものの鉄筋コンクリート試験体中には透過しなかったことを報告する。その後加圧を継続して水が透過した後も，水位および質量の測定から，流出量は注入量より常に少ないことが測定され，5年間継続しても定常透水にならなかったことを紹介する。これらにより，健全なコンクリートの長期透水性状を明らかにする。

第5章と第6章では，提案した加圧注水型の透水試験方法を，中空円筒形の大型の鉄筋コンクリート構造物に適用し，加圧注水型の透水性評価方法の適用性を評価する。とくに5章では，温度ひび割れの制御水準を変えた中空円筒形鉄筋コンクリートの2体の試験体に対して，加圧注水型の透水性評価方法を適用しその妥当性を評価する。そして第6章では，温度ひび割れの防止を目指して作製された中空円筒形鉄筋コンクリート試験体に対して，加圧注水型透水性評価方法を適用し，平均的な透水性を評価する。なお，温度ひび割れを防止したコンクリート構造物を構築して，材料実験および計測データに基づき温度と温度応力の解析を

行い，解析値と実験値の整合性により解析手法の妥当性も確認した結果についても解説する。

このように，温度ひび割れを制御した大型の鉄筋コンクリート構造物の透水性を評価する目的で，施工実験とその透水実験を一連に行った研究はこれまで皆無であった。そのため，第7章では，提案した加圧注水型透水試験方法を温度ひび割れの制御水準が異なる大型中空円筒形の鉄筋コンクリート構造物に適用して，構造物全体の平均の初期透水係数を評価し，温度ひび割れの発生状況と透水性の関係を評価する。

第8章では，これら中空円筒形鉄筋コンクリート構造物の透水性の評価に関する研究の総括を行い，最終のとりまとめとする。

● 参考文献

1) 国分正胤編：土木材料実験(第4版)，技報堂出版，pp.289～293(1989.6)
2) Ruettgers,E., Vidal,E.N. and Wing,S.P.："An Investigation of the Permeability of Mass Concrete with Particular Reference to Boulder Dam", Jour.of ACI, Vol.31, pp.382～416, Mar.–Apr(1935)
3) 吉越盛次：コンクリートの水密性試験に関する一提案，電研月報，第3巻第1号，pp.51～53(1950)
4) 村田二郎：中空円筒形供試体を用いる透水試験方法，土木学会論文集，第63号，pp.1～7(1959.7)
5) 村田二郎：コンクリートの透水試験方法の一提案，セメントコンクリート，No.166, pp.19～24(1960.12)
6) 村田二郎：コンクリートの水密性の研究，土木学会論文集，第77号，pp.69～103(1961.11)
7) Tyler,I.L. and Erlin,B.：Jour. of Portland Cement Association Research and Development Laboratories, pp.2～7, Sept.(1961)

第3章 鉄筋コンクリート構造物の透水性評価方法

3.1 建設材料の透水試験方法

　建設材料のうち砂のように透水性の大きな材料を透水試験する場合には，注水量と透水量がただちに等しくなる。そのため，透水量を測定して一定になった定常状態の透水量をダルシー則に代入し，透水係数を算定する流出法が一般的な方法である。ところが，コンクリート材料ではただちに定常な透水状態にならず，この流出法は適さない。

　これまでコンクリート材料は，注水量と透水量が同等になる定常透水を確認するアウトプット法により透水性を評価することが望ましいと言われてきた。ところが，コンクリートが難透水性あるいは低透水性で不飽和な状態の場合には，できるだけ透過しやすいように試料厚さを薄くし，高圧力下で長期間加圧しても透過せず，また透過しても注水量と透水量が同等になる定常な透水状態になるまでには長時間を要する。そのため，これらのコンクリート材料の透水性評価にはアウトプット法は実用的ではない。

　高品質のコンクリートは，難透水性あるいは低透水性で完全に水で飽和し難いことから，透過以前は高圧力下で長期間加圧注水しても，浸透するわずかな水は空隙飽和に充てられ，いわゆる"拡散"状態になる。このようなコンクリートを割裂して浸透深さを測定し，拡散係数から透水係数を推定するインプット法が，コンクリートでは一般的な透水試験方法である。ところが，割裂することから小型のコンクリート供試体に限られ，大型の鉄筋コンクリート構造物の透水性評価には適さない。したがって，大型の鉄筋コンクリート構造物の透水性を評価する手

第3章:鉄筋コンクリート構造物の透水性評価方法

法は,確立されていないのが現状である。

建設材料の透水概念を図-3.1に,透水性の評価手法を表-3.1に示す。

注水量が得られて透水量が得られない透水試験には,ボーリング孔への注水量により現位置岩盤の透水性を評価するルジオン試験が挙げられる。ところが,この試験では地山背面の透水側の条件が明らかではなく,透水係数は直接評価できないとされる。これに対し,透水側の境界条件が明らかな透水試験では,初期注水量を定常状態の透水量より大きいと見なすことにより,大き目の透水係数を評価できると考えられる。

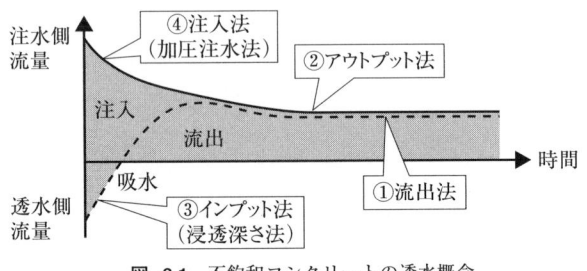

図-3.1 不飽和コンクリートの透水概念

表-3.1 建設材料の透水試験方法とコンクリートへの適用

	透水量を測定せず	透水量の測定が可能
注水量の測定が可能	ルジオン法は,岩盤削孔内への注水量を測定する現位置試験であるが,透水側の条件が不明確なため,透水係数は評価が不可能 (④注入法) ↓ 室内試験のように透水側の条件が明確ならば,透水係数を安全側に評価することが可能 (加圧注水法)	コンクリートは,直ちに定常透水せず,透水量＝注水量の確認が必要 (②アウトプット法) ↓ 難透水性の不飽和コンクリートは,飽和定常透水に長期を要するため不適
注水量を測定せず	浸透深さ法は,不飽和コンクリートに加圧注入した浸透深さから求めた拡散係数により,透水係数を推定する一般的方法 (③インプット法) ↓ ただし大型試験体は,割裂できず不適	砂質土は,直ちに定常状態の透水をするため,透水量＝一定を確認 (①流出法) ↓ 注水側の条件が明確であれば,透水係数の算定が可能

第4章に述べる小型の中空円筒形試験体による透水試験において，コンクリートは透水し難いが，初期に測定される注水量は最終的な定常の透水量より多くなる。そこで，透水量が得られない場合には，コンクリートの透水係数を評価する次善の方法として，定常状態の透水量の代わりに初期注水量をダルシー則に代入する加圧注水型の試験方法を検討することにする。

3.2 鉄筋コンクリート構造物の透水試験方法

大型の鉄筋コンクリート構造物の試験体において浸出側で透水経路別に透水量を測定するには，止水欠陥部から漏水する多量の液状水を漏れなく測定し，一般部から浸出するには時間がかかる上，広範囲からわずかな蒸気水を漏れなく測定する必要がある。これに対し，注入側で全体の注水量を測定する方法では，止水欠陥部への多量の液状水や一般部へのわずかな液状水を，特定せず漏れなく一元的に測定できる。

鉄筋コンクリート構造物の透水性状の比較を，**表-3.2**に示す。

定常状態に至っていない初期透水量により透水係数を推定するには，同表に示すような推定が必要であり，間接的な評価になる。一方，定常状態に至っていない初期注水量は定常状態の透水量より大きいとみなせることから，安全側の透水係数を評価できる。

3.3 加圧注水型透水試験方法

（1） 加圧注水法の考え方

ひび割れあるいは打継目を対象とする透水試験では，これらに注入された水の大部分が比較的早く通水することから，加圧側の注水量により止水欠陥の透水性を評価できる。これと同様に，貫通ひび割れや打継目の存在する大型の鉄筋コンクリート構造物を対象とする透水試験においても，加圧後まもなく，注水量の大部分が止水欠陥を通水すると想定される。

逆に止水欠陥が存在しない大型コンクリート試験体の透水試験では，アウトプット法では測定が不可能であり，流出法である湿潤ベンチレーション法も測定

第3章:鉄筋コンクリート構造物の透水性評価方法

表-3.2 コンクリート構造物の初期水量と飽和透水係数の評価についての考え方

	初期透水量による評価	初期注水量による評価
初期水量	① 止水欠陥部から多量の液状水を測定すると,集水から洩れる可能性がある。 ② 一般部から蒸気水を測定するには,広範囲を密閉容器で覆う必要があるが,長時間を要し洩れる可能性がある。 ③ 止水欠陥部では,水和生成物等の析出により,透水量(注水量)が経時的に減少する場合には,長期測定は危険側である。したがって,初期透水量を測定できても,定常状態の透水量より少なく,危険側になる可能性がある。	① 一元的に注入側で測定する全体注水量には,測定対象外への漏水も含まれ,測定洩れはない。 ② 一般部への初期注水量は,低圧力下においても加圧注水直後から測定でき,毛管吸水量も含まれ,安全側である。
飽和透水係数の評価方法	透水経路が一般部のみならば,不飽和浸透流の非定常解析のパラメトリックスタディを実施することにより,初期透水量から飽和透水係数を推定できる可能性はある*が,実際には止水欠陥部も含まれることから,飽和透水係数の推定には課題が多い。	定常透水量の代わりに大きめの初期注水量により透水係数を直接評価することから,算出される透水係数は安全側と考えられる。
判定	△	○

* 透水係数の推定手順は以下のとおり
① 別途,試験材料の飽和・不飽和特性試験を行う。
② 試験体の養生中の吸水と透水試験開始時の含水データ(初期間隙率と初期飽和度)を測定する。
③ 透水試験中の注水量と透水量のデータ(注水圧力,不飽和注水量および透水量の時間変化)を測定する。
④ 上記①,②を入力条件,③を照合データとし,不飽和浸透流解析によるパラメトリックスタディを行い,飽和透水係数を推定する。

が不可能で,浸透深さ法も大型では割裂することが不可能である。

ところが,コンクリートの透水性状から"初期量>定常量"かつ"注水量>透水量"と考えられることから,初期注水量は定常状態の透水量より大き目と推定される。そこで,一定温度の中空円筒形の鉄筋コンクリート構造物の内空部に湛水し,湛水への一定注水圧と注水量を測定し,全体の平均的な透水性を評価することができる。この透水試験方法を,加圧注水型透水試験方法(以下,加圧注水法と略称する)と呼ぶ。

(2) 透水性の評価法

構造物内の水分移動は,含水状態によって異なる。健全なコンクリート中の液

状水の流れは，ダルシーの法則に従うと考えられるが，水蒸気の流れは浸潤面に毛細管張力や蒸発作用が加わり，単純ではない。一方，ひび割れ内の液状水の流れは，ひび割れ幅の三乗や動水勾配に比例すると考えられるが，浸出側の水位低下により，ひび割れ内に不飽和領域が生じた場合の水の流れは，流水面積が縮小するものの動水勾配が大きくなることから，透水量はひび割れ内が飽和状態と比較して大差が無いと推定される[1]。したがって，鉄筋コンクリート構造物中の透水は，ひび割れ等の止水欠陥内の液状水による流れが支配的であり，動水勾配に比例する流れといえる[2]。

一方，試験体全体が等質な透水性を有すると仮定すると，透水係数は注水圧と注水量から，式(3.1)により求められる。ここで，透水長さには注水量の大部分を透水する貫通ひび割れあるいは打継目の深さ，つまりコンクリートの厚さを，透水面積には試験体の全透水面積をそれぞれ用いることにより，鉄筋コンクリート構造物全体の透水性評価基準として，止水欠陥を含む平均透水係数を評価できると考えられる。

また，注水量は透水量より常に多いことから，透水条件の異なるコンクリート構造物全体の初期透水性を簡易的で安全側に評価する基準を統一するため，構造物全体を均質と仮定し，初期注水量から透水係数を評価する「加圧注水法」を提案する。

なお，試験体の内空部を湛水することにより加圧する理由は，試験体自身が加圧中に内空積が変動しにくい剛性の湛水容器であるとともに，注水圧が試験体に対し内圧として働くことによって試験体各部に引張応力が生じて，構造物の透水性が容易になることから，安全側の評価となるためである。

$$k = \alpha \times \frac{q}{H} \tag{3.1}$$

ここに，k：コンクリート構造物の平均透水係数(m/s)
　　　　q：コンクリート構造物全体の注水量(m^3/s)
　　　　H：コンクリート構造物の平均水頭差(m)
　　　　α：コンクリート構造物の透水性に関する形状係数(1/m)
　　　　　　一般的にはFEM浸透流解析により算定する。
　　　　　　ただし，コンクリート構造物が単純形状のとき，αは以下のとおり

である。

- 平板形のとき，$\alpha = L/A$ (1/m)

ここに，L：透水長さ(m)

A：透水面積(m^2)

- 中空円筒形のとき，$\alpha = \ln(R/r)/(2\pi H)$ (1/m)

ここに，R：中空円筒の外半径(m)

r：中空円筒の内半径(m)

H：中空円筒の高さ(m)

(3) 加圧注水法の試験条件

加圧注水法による透水試験が成立するのに必要と考えられる試験条件を，以下に列挙する。

① 透水試験前に，マンホール管の外周等の試験対象外から，漏水が無いことを確認する。
② ダルシーの法則は透水対象が飽和透水状態であることを前提としている。そのため，透水試験前から試験体の内空部に湛水するとともに，外面の湿潤養生を行う。
③ 内圧による新たなひび割れの発生を防止し，弾性変形後のクリープ変形を抑制するため，試験体に生じる引張応力度は，引張強度の1/3以内とする。
④ 注水圧が変動すると試験体の内空積が変動して注水量が影響を受ける。そのため，注水圧を一定に保持する。
⑤ 外気温の変動による試験体等の膨張と収縮に伴い，内空積が変動して注水量が影響を受けるため，恒温養生により試験体の温度を一定に保持する。

3.4 まとめ

中空円筒形の鉄筋コンクリート構造物を対象とする透水試験方法として，内空部の湛水部に一定の低圧で注水加圧を行い，その注水圧と注水量から，構造物全体の平均透水係数を評価する加圧注水法を提案する。

●参考文献

1) 地下水入門編集委員会編, 入門シリーズ8 地下水入門, 地盤工学会, pp.103～115(1983.11)
2) 坂口雄彦, 伊藤 洋, 西岡吉弘, 藤原 愛, 辻 幸和:微粒子セメント懸濁液グラウトによる中空円筒コンクリート構造物の止水欠陥補修, 土木学会論文報告集, No.574/Ⅵ-36, pp.85～95(1997.9)

第4章 コンクリート自体の透水性状

4.1 はじめに

コンクリートの理想的な透水試験方法とされるアウトプット法では，一定の圧力下で注入量と等しくなった定常状態の流出量（透水量）をダルシー則に代入し，飽和透水係数を評価する。しかし文献[1]によると，円柱形[2]の透水試験では初期に流出量がなく，流出後もしばらく注入量より少ない測定例が報告されているが，これまで定量的に解明されてこなかった。そこでここでは，健全なコンクリートの初期状態から定常状態に至る透水性状を明らかにするため，長期の飽和透水試験を実施した結果を報告する。

4.2 透水試験体の概要

(1) コンクリート試験体の形状寸法

本透水試験ではコンクリート自体の微少透水量を測定するため，試験体は図-4.1に示すように，境界面が注入管周りのみの中空円筒形を採用した。さらに，貫通鋼材となる注入管や埋設型枠の固定金具の周りを止水するため，水膨張性ゴムを巻いた。なお，コンクリートを無打継ぎとするため，試験体の内空形状の確

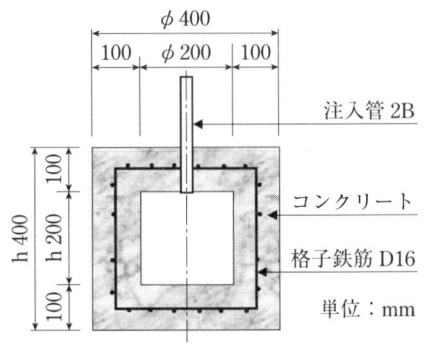

図-4.1 中空円筒形試験体の形状寸法

保には埋設型枠を用いた。試験体の配筋状況を**写真-4.1**に示す。

（2） コンクリートの配合

セメントは普通ポルトランドセメントを用い，設計基準強度を40 N/mm^{2}にすることから，水セメント比を50％とした。粗骨材の最大寸法は，試験体厚さの1/5の20 mmとした。コンクリートの使用材料と配合を，**表-4.1**と**表-4.2**に示す。

（3） コンクリート試験体の作製

試験体は乾燥を抑制するため，打込み直後から湿布で覆い，材齢2日に脱型した後ただちに水中養生した。なお，用いたコンクリートの空気量は1.8％であった。

（4） インプット法による材料の透水試験

試験体と同時に作製した直径が150 mmで高さが300 mmの円柱供試体で，インプット法のうち浸透深さ法による材料透水試験を行った。供試体は試験28日前に水中から取り出し，20℃，60％

写真-4.1 試験体の配筋状況

表-4.1 コンクリートの配合

単位量（kg/m^3）					
水 W	セメント C	細骨材 S	粗骨材 G	AE減水剤	AE助剤
165	330	835	983	3.3	13.2

表-4.2 コンクリートの使用材料

	使用材料	密度（g/cm^3）
水	水道水	—
セメント	普通ポルトランドセメント	3.16
細骨材	秩父川砂	2.59
粗骨材	石灰石	2.70
AE減水剤	ポゾリスNo.70の4倍液	—
AE助剤	303A-100倍液	—

RHで気中養生した．試験7日前にϕが150 mm，hが150 mmとなるよう両端を切断・研磨し，試験容器との隙間にエポキシ樹脂を充填した．透水試験は材齢91日目に3体について同時に行い，圧力が1.0 MPaで48時間注入後，割裂して水の浸透深さを測定した．その水の浸透深さの平均値から，式(4.1)と式(4.2)により，それぞれ拡散係数のβ^2(cm²/s)と透水係数のk(m/s)を算出した[3]．

$$\beta^2 = \frac{\alpha \cdot D_m^2}{4 \cdot t \cdot \xi^2} = 1.3 \times 10^{-3} \text{ (cm}^2\text{/s)} \tag{4.1}$$

ここに，D_m：平均浸透深さ(2.6 cm)

t：加圧時間(48 h × 60² s)

α：加圧時間に関する係数($t^{3/7}$ = 175.7)

ξ：加圧力に関する係数(参考文献[3]により，P_0 = 1.0 MPa，P_f = 0.1 MPaの1.163を代用)

$$k_{インプット法} = \beta^2 \times 10^{-10} = 1.3 \times 10^{-13} \text{ (m/s)} \tag{4.2}$$

4.3 透水試験方法

(1) 試験圧力の設定

本試験では，中空円筒形試験体の内側に加圧するが，このとき試験体には円周方向に最大の引張応力が発生し，その大きさは試験圧力と等しくなる．したがって，試験圧力が大き過ぎると試験体にひび割れが生じることから，設計引張強度の2.7 N/mm²に対し十分な安全余裕度を確保するため，最大の試験圧力を1.0 MPaに設定した．

(2) 飽和透水試験方法

飽和透水試験の装置概念を**図−4.2**に示す．また，透水試験状況を**写真−4.2**に示す．

一般的な透水試験では，注入水位の低下から算出する注入量を試験体への注水量と見なし，流出水位の上昇から算出する流出量を試験体からの透水量と見なす．そのため，試験対象外からの漏水および内部・外部湛水の内空積の変動を無視できることが前提である．したがって，試験体は漏水の可能性のある試験器具との境

第4章：コンクリート自体の透水性状

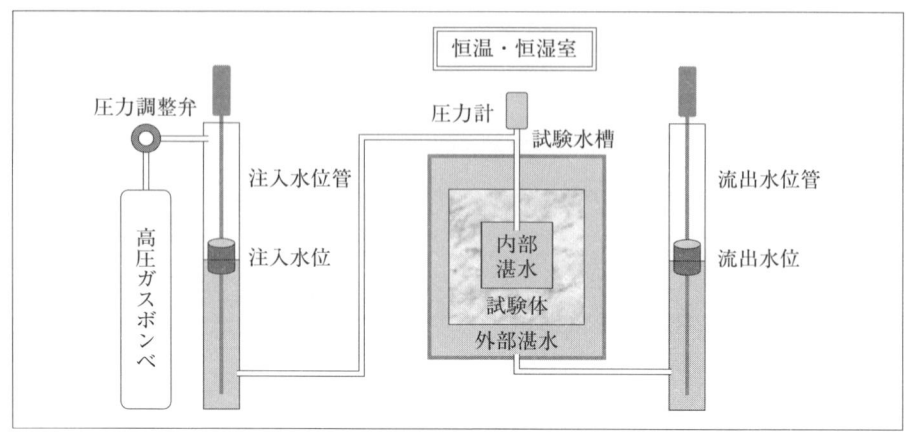

図-4.2　飽和透水試験の概念

界を短くする中空円筒形を採用し，境界を中空部に貫通する注入管周りに限定した．この結果は，外部湛水前に内部湛水に加圧し注入管の周りから漏水しないことにより確認している．

　また，試験体の内部・外部湛水の内空積が変動する要因である試験温度と圧力を一定に保つために，試験体を収容し湛水する透明な合成樹脂製の円筒形試験水槽，水位管および高圧ガスボンベを温度が20±3℃の恒温室内に設置した．さらに，できるだけ炭酸ガスの影響を避けるため，窒素と酸素からなる混合空気の高圧ガスを，高精度圧力レギュレータ2台を介して所定の圧力に調圧した．さらに，試験体の内部・外部湛水や注入水には水道水を脱気して用い，試験後期の水補給時には，流出水位管内の流出水を注入水位管内に戻し，不足分のみを新規の脱気水で補った．

写真-4.2　飽和透水試験状況

4.4 飽和透水性状

4.4.1 初期静置試験（無加圧）におけるコンクリートの自己収縮と吸水

初期飽和透水試験に先立ち試験温度を一定にして初期水位を得るために，材齢3ヵ月まで水中養生した試験体を試験水槽内に静置して，試験体の内部・外部の湛水に水位計を設置した。図-4.3の試験日数が2日目までに示すように，室温が一定のとき内側水位は変動しないのに対し，外側水位は低下した。この後で試験水槽内から試験体を取り出し湛水のみにすると水位は低下せず，また試験体を水槽に戻すと再度水位が低下したことから，この現象には，コンクリート特有の材料特性がかかわっていると思われた。

そこで，試験体の内側の水位は変動せずに，外側の水位のみ低下する現象を説明できる理由として，セメントの水和反応に伴う自己収縮および吸水現象を想定し[4]，各量を以下のように試算した。すなわち，内空容積の自己収縮量を$X(\mathrm{cm}^3/\mathrm{h})$，

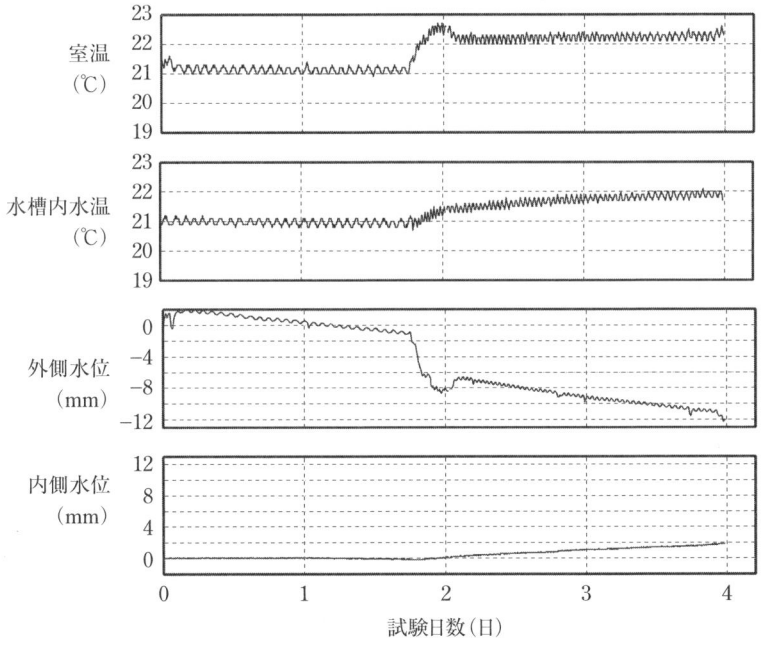

図-4.3 初期静置試験（無加圧）結果

内面への吸水量を $Y(\text{cm}^3/\text{h})$ とすると，内側の水位は，試験体の収縮変形による内空容積の減少とともに試験体への吸水が相殺し合い，変動しなかったと仮定すると，式(4.3)で表される。

$$-X + Y = 0.00 \ (\text{cm}^3/\text{h}) \tag{4.3}$$

ここに，試験体は均一に収縮し，均等に表面吸水するものとする。試験体の外寸法と内寸法の比が 2.0 であることにより，容積比から試験体外形容積の自己収縮量は $2^3 \cdot X(\text{cm}^3/\text{h})$，面積比から試験体外面の吸水量は $2^2 \cdot Y(\text{cm}^3/\text{h})$ となる。外側水位は試験体の収縮変形により外側湛水容積が増加するとともに，試験体に吸水されるため低下したと仮定すると，減少水量の測定値を $-0.11 \ \text{cm}^3/\text{h}$ とした場合，式(4.4)が導かれる。

$$-8 \cdot X - 4 \cdot Y = -0.11 \ (\text{cm}^3/\text{h}) \tag{4.4}$$

式(4.3)と式(4.4)により，$X = Y = 0.0092 \ \text{cm}^3/\text{h}$ と算出される。このことより，内部・外部湛水の水位変動は，セメントの水和反応に伴う自己収縮と吸水に起因すると考えられ，それぞれの量はこの程度に推定される。

したがって，厚さが 10 cm の試験体コンクリートは，3ヵ月間水中養生したにもかかわらず，その後の無加圧時にも，試験体全体の自己収縮量は $7 \cdot X$ に相当する $0.064 \ \text{cm}^3/\text{h}$，吸水量は $5 \cdot Y$ に相当する $0.046 \ \text{cm}^3/\text{h}$，合わせて $0.11 \ \text{cm}^3/\text{h}$ の水位低下を継続していたことになる。

4.4.2 初期透水性状

(1) 初期透水試験結果

静置試験に引き続き，3日から5日の間隔で試験体の内側における注入圧力を 0.25，0.5，0.75，1.0 MPa と段階的に昇圧した。この初期透水試験の結果の平均を図-4.4 に示す。

注入量は静置試験の $0.00 \ \text{cm}^3/\text{h}$ から，0.21，0.31，0.41，0.49 cm^3/h へほぼ比例的に増加した。一方流出量は，静置試験の $-0.11 \ \text{cm}^3/\text{h}$ から -0.09，-0.07，-0.07，$-0.03 \ \text{cm}^3/\text{h}$ へと相変わらず負の値が続いた。このことから，静置試験のときと同様に，吸水と自己収縮が持続していると推定された。

ところが，図-4.5に示すように，1.0 MPaに昇圧後5日目から，流出水位の上昇が始まり，徐々に水位上昇速度が早くなった。流出量の増加に伴うように，減少中の注入量も増加に転じたが，75日目で両者はともに最大に達した後，漸減し始めた。注入量の最大値は0.63 cm^3/hに対し，流出量はその2/3程度と推定された。

（2） 湿潤ベンチレーション法による透水性状

材齢5ヵ月目において初期透水試験を中断し，試験体の外部湛水を排水して，湿潤ベンチレーション法による透水試験を実施した。この試験方法は，湿潤環境に浸出したコンクリート表面の液状水を水蒸気として回収することにより，難透水性あるいは低透水性の鉄筋コンクリート構造物の透水性を評価するものである。ただし，試験環境は図-4.6に示すように，温度が20±3℃の恒温条件に，相対湿度が70±5％RHの恒湿条件を加えた。

試験結果は，図-4.5の75日前後に示すように，除湿量（あるいは吸湿量）として，初期透水試験の流出量を若干上回る0.47 cm^3/hが得られ，このような試験体の透水量測定方法として，湿潤ベンチレーション法を適用できることが確認された[5]。

ただし，後述するように試験日数が約300日からの再試験初期には，試験水槽

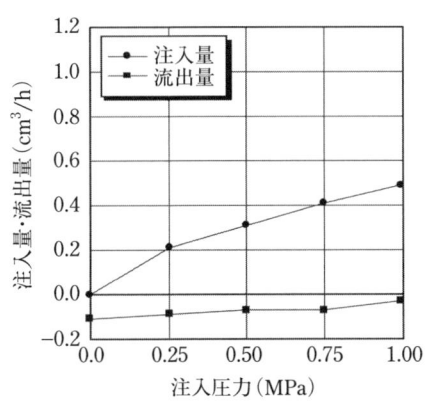

図-4.4 段階昇圧透水試験結果

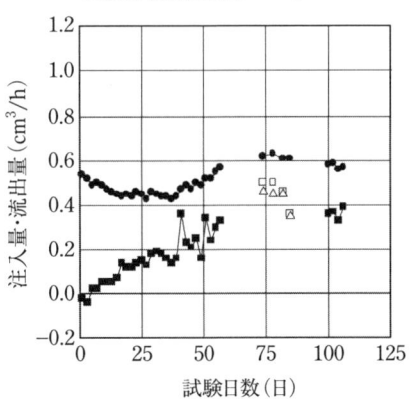

図-4.5 1MPa定圧透水試験結果

第4章：コンクリート自体の透水性状

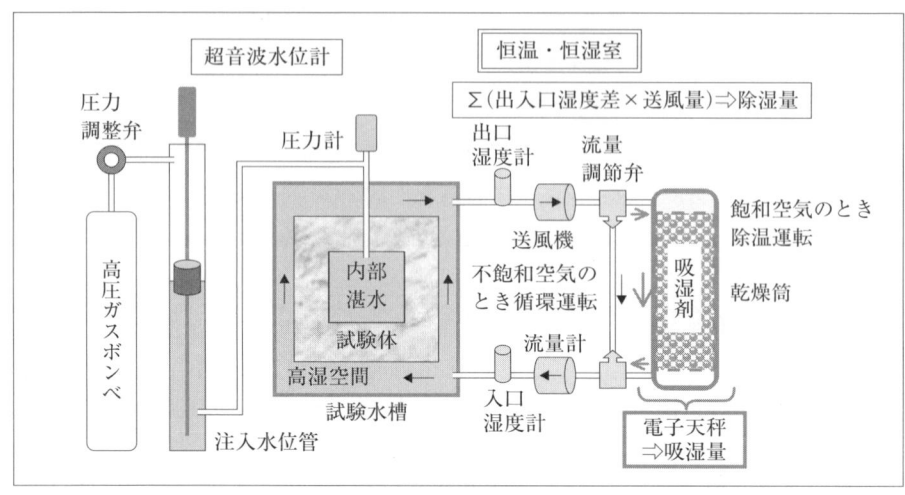

図-4.6 湿潤ベンチレーション法の透水試験概念

の全体質量が減少し、注入量以上の水分が蒸発したと推定される。それを補うように、約600日から外部湛水した飽和透水試験の再開後においては、全体質量が増加したことから、不飽和になった空隙に水分を取り戻す保水現象が生じたと推定される。なお、注入量は、浸出側の外部湛水の有無にかかわらず安定していた。

（3）荷重計による質量測定

水位測定された注入量と流出量の差分量（以下、アンバランス量と称す）がわずかなことから、質量が保存することを確認するため、試験体を収容した試験水槽全体を荷重計で吊り、全体の質量増加を追加測定している。すなわち、試験水槽、試験体、内・外の湛水および吊り治具の合計質量が約220 kgあり、定格が200 kgの荷重計（測定精度±50 g）2台で吊り下げた。試験状況を図-4.7および写真-4.3に示す。

図-4.8に示すように、質量は増加し、注入量と流出量の差分量と良く一致したことから、アンバランス量の存在を確認した。つまり、

写真-4.3 質量測定を加えた飽和透水試験の状況

4.4 飽和透水性状

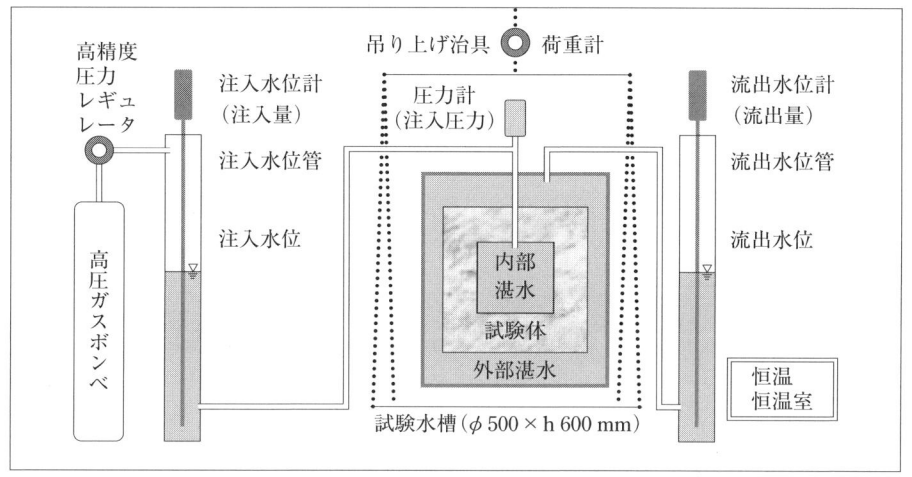

図-4.7 質量測定を加えた飽和透水試験概念

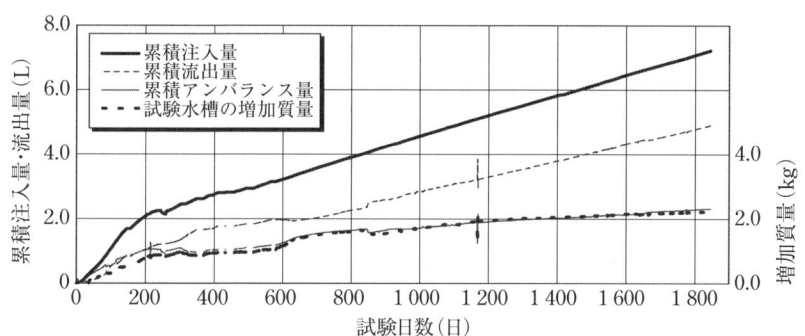

図-4.8 定圧透水試験結果（累積注入量，累積流出量，累積アンバランス量，試験水槽の増加質量）

1.0MPaの定圧の透水試験時に加圧注入された水の一部は，試験体コンクリート内に保水されたと考えられる。このことは，事前に実施した静置試験や透水試験における低圧加圧時の試験体外側の水位低下が，実際に生じた現象であったことの傍証となる。したがって，試験体の内側に加圧注水しても，試験体の外側からの吸水等は継続していたと推定される。

4.4.3 長期透水性状

材齢3ヵ月から5年間にわたる全期間の透水試験結果のうち，累積量と増加質量を図-4.8，測定量を図-4.9に示す。

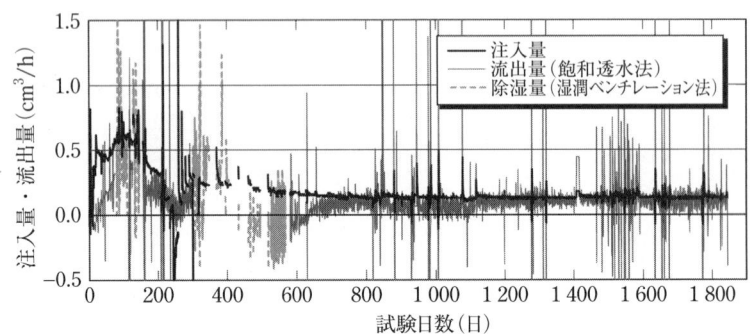

図-4.9 定圧透水試験結果(注入量，流出量)

(1) 長期透水試験結果

1.0 MPaの一定圧の飽和透水試験において，注入量は最大値の 0.63 cm^3/h から 0.12 cm^3/h へ漸減しほぼ一定になった。これに対し流出量は，初期の吸水状態から流出後 0.4 cm^3/h 以上に急増した後，0.11 cm^3/h へ漸減しほぼ一定になった。試験継続に伴い組織の緻密化や動水勾配の減少により，両者は減少すると思われたが，オーダに変わりはなかった。また，この間の飽和透水試験中の流出量は，注入量より常に少なかった。

透水試験の初期には，累積注入量と累積流出量の増加が大きかったが，試験日数が200日から600日までを境に増加量は急激に減少し，累積注入量と累積流出量はほぼ一定勾配になった。また，5年間の累積注入量は 7 200 cm^3，累積流出量は 4 900 cm^3 に対し累積アンバランス量は 2 300 cm^3 となり，累積注入量の32％を占めた。また，この量は試験体コンクリート体積の 40 500 cm^3 の5.7％に達し，試験水槽全体の増加質量の 2.2 kg とほぼ一致する。なお飽和透水試験を5年以上にわたって継続しても，流出量が注入量より約10％少なく，アンバランス状態が続いている。これらのアンバランス量が発生するメカニズムの解明は，今後の課題である。

(2) アウトプット法による透水係数の評価

透水試験を5年間継続しても定常にならないため，5年後の流出量を式(4.5)に

示すダルシー則に代入し,アウトプット法により水セメント比が50％のコンクリートの透水係数を算出する。ただし,試験体形状は中空円筒形であり,式(4.5)のL/Aに該当する透水に関する試験体の形状係数は,あらかじめFEM定常浸透流解析により求めておいた。

$$k_{アウトプット法} = \frac{q \cdot L}{A \cdot H} = \frac{0.11/60^2 \times 10}{3\,260 \times 10\,000} = 9.4 \times 10^{-12} \text{ (cm/s)}$$
$$= 9.4 \times 10^{-14} \text{ (m/s)} \tag{4.5}$$

ここに,$k_{アウトプット法}$:飽和透水係数(m/s)
　　　　q:飽和透水試験の定常流出量(cm^3/s)
　　　　L:試験体の厚さ(cm)
　　　　A:試験体の透水面積(cm^2)
　　　　H:平均水頭差(cm)

しかし,健全なコンクリートの飽和透水試験では,流出側から逆に吸水することがあり,流出しても注入量より少なく,長期間継続しても定常状態の透水には至らない。このように,定常状態の流出量は測定が困難であることから,難透水性あるいは低透水性のコンクリートの透水試験方法として,アウトプット法は実用的ではないといえる。

4.5　初期注水量による透水係数の評価

一方注入量は,飽和透水試験の初期の低圧加圧直後から測定され注入圧力にも比例的であり,常に流出量より多かった。また,流出側が大気環境である湿潤ベンチレーション法による透水試験の前後でも注入量の変動は少なく,長期飽和透水試験後の流出量は初期注入量を上回らなかった。そこで,定常に至らない流出量の代わりに,図-4.4に示した材齢3ヵ月で実測した初期注入量をダルシー則に代入すると,式(4.6)から4.2×10^{-13} m/sと非常に小さい透水係数の値が算出された。

第4章：コンクリート自体の透水性状

$$k_{加圧注水法} = \frac{q \cdot L}{A \cdot H} = \frac{0.49/60^2 \times 10}{3\,260 \times 10\,000} = 4.2 \times 10^{-11} \text{ (cm/s)}$$
$$= 4.2 \times 10^{-13} \text{ (m/s)} \tag{4.6}$$

ここに，q：飽和透水試験の初期注入量(cm^3/s)

$k_{加圧注水法}$：初期注入量により評価する透水係数(m/s)

得られた透水係数は，透水試験を5年間継続後の流出量により算出したアウトプット法の透水係数に対して，4倍の大きさに収まった。この倍率はコンクリートの吸水性，保水性，透水性および注入圧力により変動すると考えられる。

したがって，飽和透水試験の初期に短期間で測定される注入量を直接ダルシー則に代入して透水係数を評価する方法は，流出側と比較して簡単な注入側の測定装置により評価できることから，難透水性や低透水性のコンクリートの実用的な評価方法として，有効であると考えられる。

ここで，各種透水試験方法により求めたコンクリート試験体の透水係数は，評価条件がそれぞれ異なるが，**表-4.3**にまとめる。

表-4.3　各種透水試験方法から求めたコンクリートの透水係数

	材齢	透水試験方法	注入圧力（加圧期間）	*注入量*（cm^3/h）	流出量（cm^3/h）	流出側環境	透水係数評価方法	透水係数（m/s）
供試体 標準	3ヵ月	インプット法（浸透深さ法）	半乾燥後2日間 1.0MPa	*(浸透深さ 2.6cm)*	—	大気空気	圧縮率で換算	*1.3×10^{-13}*
小型試験体		加圧注水法	1.0MPa	*0.49*	−0.03（吸水）	湛水	透水係数算定式	*4.2×10^{-13}*
	半年	湿潤ペネトレーション法	1.0MPa	*0.63*	0.47（除湿）	高湿空気	ダルシー則	*4.0×10^{-13}*
	5年	アウトプット法	1.0MPa	*0.12*	0.11	湛水		0.94×10^{-13}

注）斜体字は注入側の諸量により求めた

4.6 まとめ

5年間という長期間にわたり実施した中空円筒形鉄筋コンクリートの飽和透水試験により，明らかになった長期透水性状を，以下にまとめる。

① 健全なコンクリートの飽和透水試験前や低圧の初期透水試験中において，本来流出すべき透水側の水位が低下した。その主な原因は，セメントの水和反応に伴う自己収縮と不飽和による毛管吸水であると推定される。

② 高圧の飽和透水試験を行うと，流出量は常に注入量より少なく，その差分量は試験体を収容した水槽全体の質量増加とほぼ一致したことから，アンバランス量がある。

③ 水セメント比が50％の健全なコンクリートの透水試験を5年間継続し，アンバランス量はコンクリート容積の5.7 vol％を超えたが定常状態には至らなかった。そのときの流出量から算出される透水係数は9.4×10^{-14} m/sと，非常に小さい値である。

④ 材齢3ヵ月で実施した飽和透水試験の初期注入量から評価した加圧注水法による透水係数は，アウトプット法の4倍程度に収まったことから，加圧注水法は健全なコンクリートにも適用が可能である。

● 参考文献

1) 国分正胤編，土木材料実験(改訂4版)，技報堂出版，pp.289～293(1989.6)
2) Ruettgers A., Vidal E.N.and Wing S.P.:"An Investigation of the Permeability of Mass Concrete with Particular Reference to Boulder Dam", Jour. of ACI, Vol.31, pp.382～416, Mar.–Apr.(1935)
3) 村田二郎:コンクリートの水密性の研究，土木学会論文集，第77号，pp.69～103(1961.11)
4) 自己収縮研究委員会報告書:日本コンクリート工学協会，pp.19～42(1996.11)
5) 須藤 賢，丹生屋純夫，小西一寛，藤原 愛，渡辺邦夫:湿潤性に配慮したベンチレーション試験法による透水性評価について，第31回地盤工学研究発表会，日本地盤工学会，Vol.31, No.2, pp.2089～2090(1996.7)

第5章 ひび割れを制御した中空円筒形鉄筋コンクリート構造物の透水性状

5.1 施工実験

　コンクリート構造物の透水性を評価するには，施工時のみならず施工後の止水欠陥を適切に評価するとともに，その透水性を定量的に評価する必要がある。大型の鉄筋コンクリート構造物では，配筋・打込み・型枠支保工の施工の制約から打継目を設けることが多い。そのため，新コンクリートには打込み後の温度の上昇や降下に伴う膨張や収縮により温度ひび割れが発生し，打継目が引張力およびせん断力を受けると剥離やずれを生じる場合がある。また，これらを抑制したとしても，コンクリート構造物には，施工後の温度荷重によってひび割れが発生する可能性がある。

　コンクリート標準示方書によると，温度ひび割れ指数と発生確率の関係から温度ひび割れ指数が2.0以上では温度ひび割れはほとんど発生しないのに対し，温度ひび割れ指数が0.8では温度ひび割れが発生する確率は70％以上とされていた[1]。そこで，本節では中空円筒形の鉄筋コンクリート構造物を温度ひび割れ指数が上記の2水準となるように作製した施工実験の結果を報告する。

5.1.1　施　工
（1）　試験体の構造

　ひび割れ制御試験体(以下，制御試験体と称す)およびひび割れ誘発試験体(以下，誘発試験体と称す)の構造寸法は，**図-5.1**と**図-5.2**に示すように，外径が7.25 m，側壁厚さが1.25 m，高さが5.25 mで，底版と頂版の厚さが1.5 mの中空

第 5 章：ひび割れを制御した中空円筒形鉄筋コンクリート構造物の透水性状

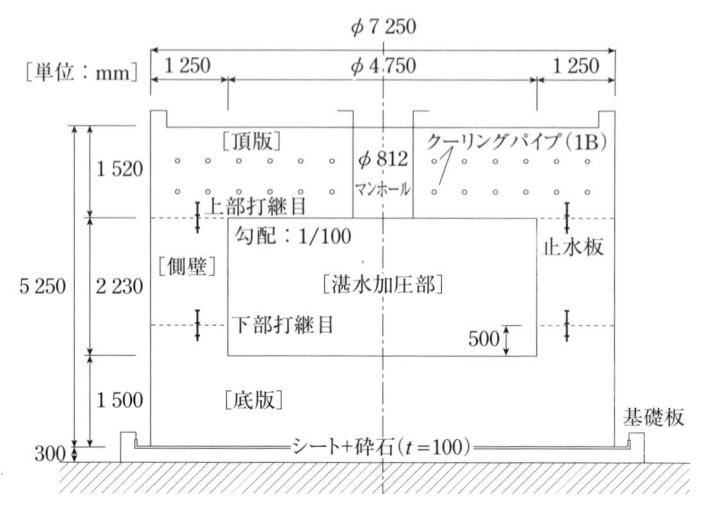

図-5.1 ひび割れ制御試験体の構造概要

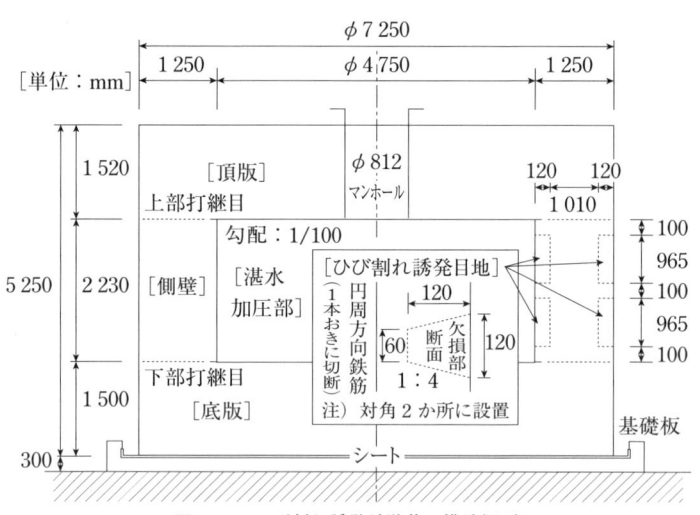

図-5.2 ひび割れ誘発試験体の構造概要

円筒形の鉄筋コンクリート構造物である。試験体の頂版中央には，頂版コンクリートの下型枠と支保工の撤去および透水試験用に，直径が 812 mm のマンホールを設置した。

34

透水試験では，試験体に内圧を作用させ引張応力が発生することから，ひび割れが発生しても主鉄筋が降伏しないように，側壁の鉄筋比を 0.6 % 以上とする円周方向鉄筋 D 32 を 200 mm ピッチで配置するとともに，主鉄筋のかぶりは 120 mm 以上とした。マンホール用の鋼管外周面は，透水試験時に漏水する懸念があり，水膨張性ゴムを被覆した。また，計測センサーのリード線は，ケーブル沿いの漏水が想定されたため，液状ブチルゴムを塗布してコンクリートとのなじみを良くするとともに，センサー位置から試験体中の鉄筋に沿わせ，頂版上面から試験体の外に引き出した。

ひび割れ制御試験体の下部には，コンクリートの打込み時の外部拘束を緩和するために，砕石を敷き均した。一方，ひび割れ誘発試験体の側壁両側面の対角 2 断面には，深さが 120 mm の溝状の欠損部をひび割れ誘発目地（断面欠損率：19.2 %）として設けるとともに，その断面を横切る 200 mm ピッチの円周方向鉄筋 D32 を 1 本置きにあらかじめ切断した。

(2) コンクリート材料

試験体は内圧を受けることから，設計基準強度 $f_{ck'}$ を 40 N/mm^2 としたコンクリートの品質条件を表-5.1 に示す。また，品質条件を満足するため，試し練りにより定めたコンクリートの標準配合を表-5.2 に示す。ひび割れ制御試験体では，コンクリートの流動性を増すために，石灰石微粉末を 30 kg/m^3 添加した。また，材齢約 1 年までの圧縮強度，静弾性係数，ポアソン比および割裂引張強度の試験

表-5.1 コンクリートの品質条件

	セメントの種類	粗骨材の最大寸法(mm)	スランプ(cm)	空気量(%)	水セメント比(%)	打込み温度(℃)	ブリーディング率(%)
ひび割れ制御試験体	2 成分系低発熱セメント	20	12 ± 2.5	4 ± 1	40	10 以下	2 以下
ひび割れ誘発試験体	普通ポルトランドセメント	20	12 ± 2.5	4 ± 1	40	10 以下	2 以下

注）2 成分系低発熱セメントは，中庸熱ポルトランドセメントを 45%，高炉スラグ微粉末を 55% 含む。

第5章:ひび割れを制御した中空円筒形鉄筋コンクリート構造物の透水性状

表-5.2 コンクリートの標準配合

	細骨材率(%)	単位量 (kg/m³)					高性能AE減水剤	空気量調整剤
		水 W	セメント C	細骨材 S	粗骨材 G	石灰石微粉末		
ひび割れ制御試験体	40	154	385	741	1 023	30	5.585 (1.45%)	2.50 (6.5A)
ひび割れ誘発試験体	44	168	420	748	993	—	5.46 (1.3%)	0.84 (2.0A)

注) 粗骨材:両神産硬質砂岩砕石2 005と横瀬産石灰砕石2 005を5:5で混合
　　石灰石微粉末:炭酸カルシウム粉末で比表面積が5 000 cm²/g

結果を,**表-5.3**に示す。

　セメントは事前に各種の試験を行い,ひび割れ制御試験体では中庸熱ポルトランドセメントが45%,高炉スラグ微粉末が55%からなる2成分系低発熱セメント

表-5.3 側壁コンクリートの力学的試験結果

		試験材齢							
		1日	3日	7日	14日	28日	91日	365日	438日
2成分系低発熱セメント	圧縮強度 (N/mm²)	3.5	13.2	24.8	38.1	48.0	57.9	60.0	—
	静弾性係数 (×10⁴N/mm²)	—	1.63	2.36	2.80	2.98	3.37	3.66	—
	ポアソン比	—	0.17	0.20	0.22	0.23	0.24	0.23	—
	割裂引張強度 (N/mm²)	0.5	1.16	1.99	2.73	3.50	4.56	4.86	—
普通ポルトランドセメント	圧縮強度 (N/mm²)	21.8	29.8	36.1	41.2	45.5	—	—	48.5
	静弾性係数 (×10⁴N/mm²)	—	2.72	2.92	3.15	3.31	—	—	3.50
	ポアソン比	—	0.19	0.20	0.20	0.22	—	—	022
	割裂引張強度 (N/mm²)	2.08	2.48	2.97	3.22	3.48	—	—	3.59

注) 3供試体の平均を示す。

を選定した。しかしながら，底版コンクリートおよび側壁コンクリートの打込み後の温度上昇は，事前解析と比較して10～13℃程度高くなった。このため，実際に打ち込んだコンクリートを用いて断熱温度上昇の再試験を行ったところ，**図-5.3**に示すように事前の断熱温度上昇量を上回った。この原因は，セメントの製造ロットの違いによる品質変動と推定された。

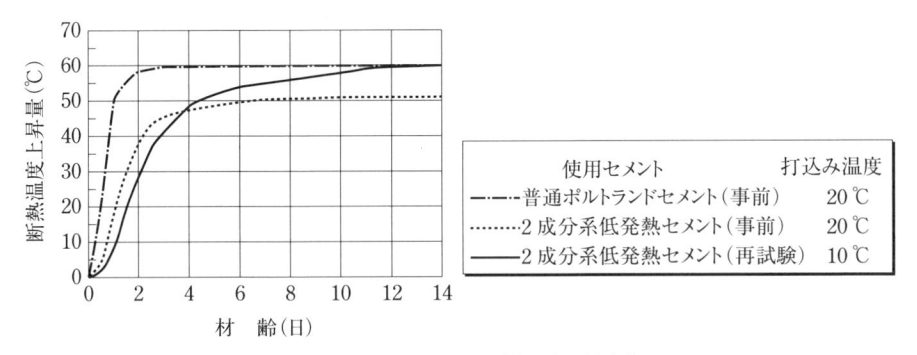

図-5.3 コンクリートの断熱温度上昇試験

(3) 試験体の施工とひび割れの発生状況

試験体は，側壁の上部と下部に順打ちで水平打継目ができるように底版・側壁・頂版に分割し，温度ひび割れにとってクリティカルな秋期におよそ1ヵ月の間隔をおいて，建屋内でコンクリートを打ち込んだ。

試験体作製とその後の透水試験工程を，**表-5.4**に示す。

試験体は，止水欠陥の発生を抑制するために温度ひび割れ指数の目標を2.0以上とするひび割れ制御試験体と，止水欠陥の発生を誘発するために温度ひび割れ指数の目標を0.8以下とするひび割れ誘発試験体とした。試験体施工時の温度ひび割れ対策を，**表-5.5**に示す。

a. ひび割れ制御試験体

ひび割れ制御試験体の打継目処理として，新コンクリートの打込み直前に打継目を清掃後，散水により湿潤にしてモルタルを30 mmの厚さに敷き，コンクリートを打ち込んだ。打継面から浮き水が引いた時に凝結遅延剤を散布し，翌日に高圧水でレイタンスを除去した。なお，打継目には，あらかじめステンレス製の止水板（板厚が1.5 mm，板幅が300 mm）を設置した。

第5章：ひび割れを制御した中空円筒形鉄筋コンクリート構造物の透水性状

表-5.4　試験体の作製および試験工程

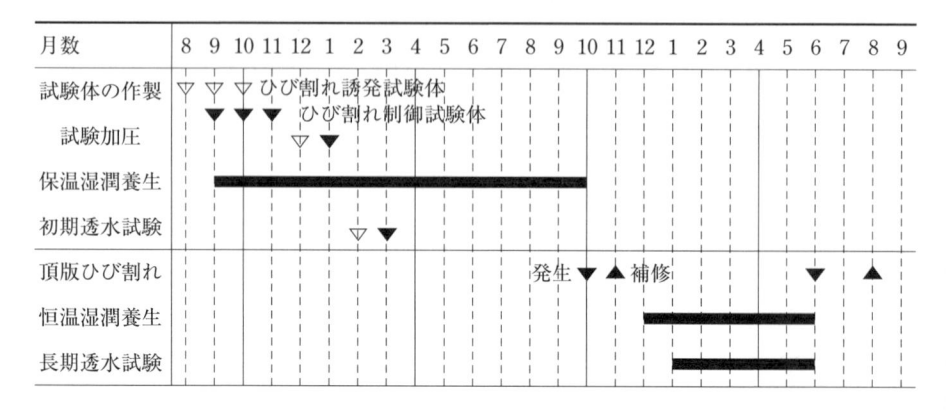

月数	8	9	10	11	12	1	2	3	4	5	6	7	8	9	10	11	12	1	2	3	4	5	6	7	8	9
試験体の作製	▽	▽	▽	ひび割れ誘発試験体																						
試験加圧				▽	ひび割れ制御試験体																					
保温湿潤養生				▽	▼																					
初期透水試験							▽	▼																		
頂版ひび割れ											発生▼	▲補修				▼				▲						
恒温湿潤養生																										
長期透水試験																										

表-5.5　試験体施工時の温度ひび割れ対策

		ひび割れ制御試験体	ひび割れ誘発試験体
	温度ひび割れの制御目標	温度ひび割れの抑制	温度ひび割れの誘発
構造	側壁下部の底版との同時施工	嵩上げ高さ 0.5 m	—
	底版下面の拘束低減	スリップ材	スリップ材
	（ひび割れ誘発目地）	—	（断面欠損率 19.2 %）
配合	プレクーリング	液体窒素で打込み温度を 8 ± 2 ℃に冷却	（常温打込み）
施工	パイプクーリング	頂版のみ実施	—
	初期養生	保温湿潤養生	（断熱養生後冷却）

　ひび割れ制御試験体の外観状況を，写真-5.1に示す。

　施工場所の外気温の日較差が最大で15℃生じることから，ひび割れ制御試験体は，養生マット等により保温するとともに，表面乾燥を防ぎセメントの水和を促進するため，脱型後ただちにシートにより被覆して湿潤養生を行った。

写真-5.1　ひび割れ制御試験体の外観状況

また，コンクリートの打込み後の底版および側壁の温度上昇が事前の温度解析より大きかったことから，頂版では，温度ひび割れ指数が2.2から1.5に低下すると予想された。そのため，1インチ管を500 mmピッチに配置するパイプクーリングを追加施工した結果，**表-5.6**に示すように，頂版では最高温度をおよそ29℃に抑制した。

試験体施工から1ヵ月後に試験体の内空部に湛水し，同2ヵ月後に試験加圧を実施するためシートを撤去した。ひび割れ制御試験体では，各種のひび割れ制御対策を施したが，側壁に3本の貫通ひび割れが発生した。

試験加圧時のひび割れおよび内部湛水による漏水の目視調査結果を，**図-5.4**と**表-5.7**に示す。

平均ひび割れ間隔

表-5.6 コンクリート打込み時の温度計測結果

		打込み温度 (℃)	最高温度 (℃)	温度上昇 (℃)
ひび割れ制御試験体	底版	6.0	52.9	46.9
	側壁	8.0	43.5	35.5
	頂版	7.0	28.7	21.7
ひび割れ誘発試験体	底版	27.5	88.7	61.2
	側壁	34.0	88.6	54.6
	頂版	28.0	82.5	54.5

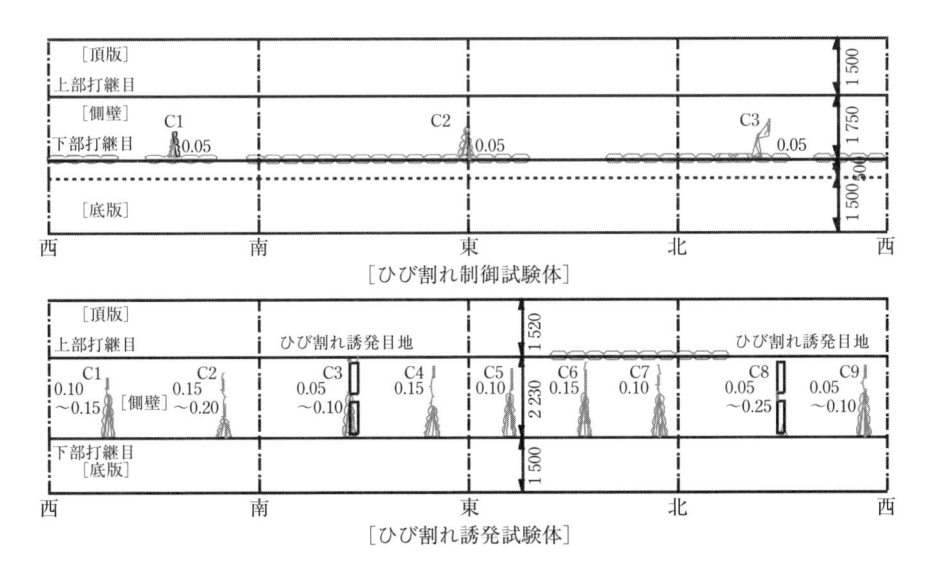

図-5.4 試験体施工時のひび割れと内部湛水による漏水分布

第5章：ひび割れを制御した中空円筒形鉄筋コンクリート構造物の透水性状

表-5.7 試験体施工時の側壁ひび割れデータ

ひび割れ制御試験体	打継目φ6m		上下	—	37.7 (18.85*2)	—
	ひび割れ		ひび割れ幅 (mm)	ひび割れ長さ (m)	ひび割れ間隔 (m)
		C1	0.05	0.95	6.22
		C2	0.05	0.90	6.54
		C3	0.05	1.10	6.09
		平均	0.05	0.98	6.28
ひび割れ誘発試験体	打継目φ6m		上下	—	37.7 (18.85*2)	—
	ひび割れ		ひび割れ幅 (mm)	ひび割れ長さ (m)	ひび割れ間隔 (m)
		C1	0.17	1.60	2.24
		C2	0.23	1.70	2.73
		C3	0.31	2.25	2.33
		C4	0.16	1.90	1.81
		C5	0.13	1.70	1.74
		C6	0.20	2.00	1.65
		C7	0.15	1.80	2.19
		C8	0.19	2.25	2.31
		C9	0.05	1.90	1.85
		平均	0.177	1.90	2.09

注) 1. 間隔は円筒形側壁の軸線上のひび割れ間隔に換算
　　2. セパレータを使用したが，外面に水膨張性ゴムを塗布

は 6.28 m で，平均ひび割れ幅は 0.05 mm，平均ひび割れ長さは約 1.0 m で，側壁の打込み高さの 1.75 m のおよそ半分となり，ひび割れ誘発試験体と比較してひび割れが抑制された。なお，内部湛水による漏水は，ひび割れ部のほか側壁と底版間の下部打継目の一部で観察された。

b. ひび割れ誘発試験体

ひび割れ誘発試験体の打継目処理として，新コンクリートの打込み直前に打継目を清掃後，散水により湿潤にしモルタルを 30 mm の厚さに敷き，コンクリートを打ち込んだ。打込み後コンクリートが硬化しない時期に，ワイヤブラシで表層を除去し，打継目に残った濁水を吸引排水した。

ひび割れ誘発試験体は，初期透水試験後の長期透水試験を行わずに，温度ひび

割れ等の止水欠陥にセメントグラウトを注入する試験[2]を実施するため，温度ひび割れ等の止水欠陥を確実に発生させる対策を講じている。また，ひび割れ制御試験体と異なり，打継目に止水板は設置しなかった。コンクリートには普通ポルトランドセメントを用いるほか，側壁の打込み後に壁面を断熱材で覆って温度上昇を促すとともに，頂版の下型枠の設置後に2日間，液体窒素により試験体内空部温度を−20℃程度に冷却した。さらに，型枠脱型後は，室内環境に放置した。

その結果，ひび割れ誘発試験体の温度ひび割れは誘発され，側壁には9本の貫通ひび割れが発生したが，ひび割れは誘発目地に集中せず全周に分散し，平均ひび割れ幅は0.18 mmとなった。側壁の打込み高さの2.25 mに対し，平均ひび割れ長さは約1.9 m，平均ひび割れ間隔は約2.1 mであった。また，頂版のマンホール周りにも，わずかに放射方向のひび割れが発生した。なお，内部湛水による漏水は，ひび割れ部のほか側壁と頂版間の上部打継目の一部で観察された。

5.1.2 施工時における温度応力の検討

(1) 温度応力解析

側壁コンクリートの打込み時の温度計測に基づくFEM軸対称温度応力の事後解析条件を**表−5.8**に，その結果を**図−5.5**に示す。

ひび割れ制御試験体の温度ひび割れ指数は頂版の打込み直後に2.1となり，温度ひび割れが発生しないとされる2.0以上を上回った。これに対し，ひび割れ誘発試験体では0.8となり，ひび割れ誘発目地の断面欠損率を考慮すると$0.8 \times 0.808 ≒ 0.65$と推定される。

(2) 側壁ひび割れの原因の推定

ひび割れ制御試験体の側壁では，温度ひび割れ指数が2.1にもかかわらず，ひび割れが生じたことから，従来の温度ひび割れ指数による判定[3]では考慮していない要因が複合したと考えられる。平成8年制定の土木学会コンクリート標準示方書によると，温度ひび割れ指数を算定する際の引張強度は2割程度低減するとともに，同一の温度ひび割れ指数に対するひび割れ発生確率を大きくしている[4]。また，高炉スラグ微粉末を多く含むセメントを用いたコンクリートは自己収縮が大きく，さらに引張強度が圧縮強度の平方根に比例するとした場合の比例定数は他のセメントと比較して小さいと報告されている[5]。そこで，温度ひび割れ指数

第5章：ひび割れを制御した中空円筒形鉄筋コンクリート構造物の透水性状

表-5.8　温度および温度応力の解析条件

		ひび割れ誘発試験体	ひび割れ制御試験体
断熱温度上昇量	K（℃）	60.9	53.9
	α	2.235	0.290
単位体積質量（kg/m³）		2.354	
比熱（kJ/kg℃）		1.09	
熱伝導率（W/m℃）		2.73	
熱伝達率（W/m²℃）		通常の型枠養生：11.6 シート養生：5.82 底版，頂版の保温養生：3.49 断熱養生：0.35	
線膨張係数（1/℃）		11×10^{-6}	
クリープ係数		CEB-FIP コード	
ヤング係数（kN/mm²）		$3.96 \times l_n M - 1.49$	$5.93 \times l_n M - 24.8$
割裂引張強度（N/mm²）		$0.533 \times l_n M - 1.74$	$0.877 \times l_n M - 5.48$

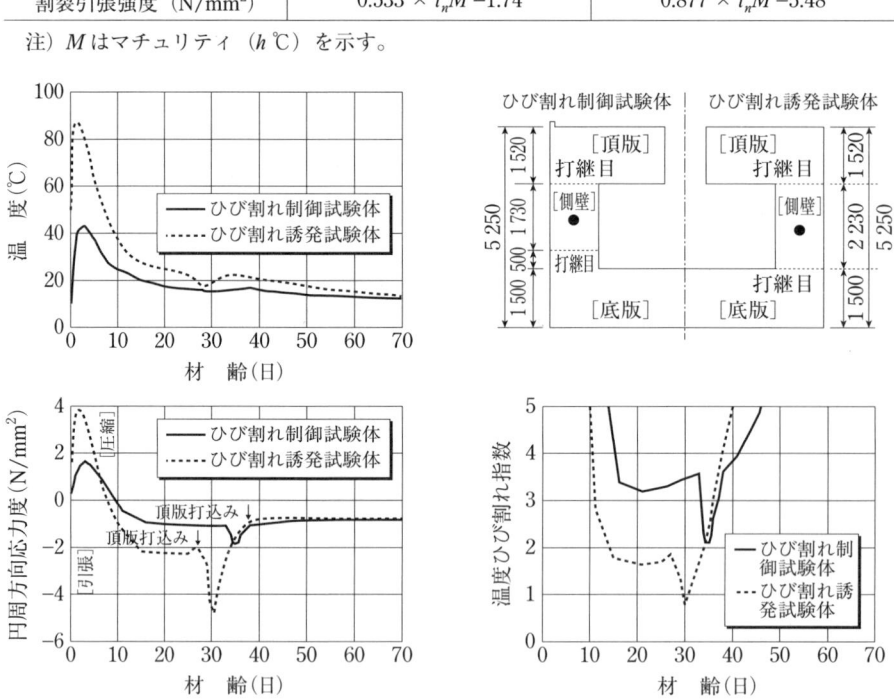

注）M はマチュリティ（h℃）を示す。

図-5.5　試験体の側壁中央の温度・温度応力の事後解析

を算定する際の低減とセメントの種類による低減をそれぞれ2割考慮すると、ひび割れ制御試験体の温度ひび割れ指数は $2.1 \times 0.8 \times 0.8 \fallingdotseq 1.34$ に低下し、ひび割れ発生確率が10％程度生じることになる。

ひび割れ制御試験体およびひび割れ誘発試験体の補正した温度ひび割れ指数から、最大ひび割れ幅を推定すると[2] 0.06 mm および 0.32 mm となり、実測値とおおむね一致した。

5.1.3 施工後のひび割れ
(1) 試験体の養生と透水試験の経過
a. 試験加圧

試験体は漏水状況を把握する目的で、施工2ヵ月後に試験加圧を実施した。注水圧力は、試験体コンクリートの引張応力度が引張強度の1/3程度の0.4 MPaを上限とした。

b. 保温湿潤養生

試験加圧の終了後、ひび割れ制御試験体の側面は温度変動を緩和するため保温材で覆うとともに、湿潤養生を行うため試験体の上面・下面に湛水し、初期透水試験終了まで試験体との間隙に流水を循環した。

c. 初期透水試験

初期透水試験は、試験体の施工3ヵ月後の冬期において約1ヵ月間実施した。注水圧力は試験加圧と同じ0.4 MPaを上限とし、段階的に昇圧および降圧した。ひび割れ誘発試験体では図-5.6に示すように、初期透水試験後、側壁に平均ひび割れ幅が0.02 mm、ひび割れ長さが1.00 mのひび割れが1本新たに発生した。

d. 恒温湿潤養生

ひび割れ制御試験体は初期透水試験を終えて、さらに保温湿潤養生を6ヵ月間継続し加圧したが、試験体の施工11ヵ月後に頂版に貫通ひび割れが4本発生した。透水試験をさらに継続することから、可能な限り他の透水経路を生かすためにエポキシ樹脂によるひび割れの注入補修を行い、さらに、恒温湿潤養生を開始した。

e. 長期透水試験

恒温湿潤養生を実施して1ヵ月後から、注水圧が0.3 MPaの一定の長期透水試

第5章：ひび割れを制御した中空円筒形鉄筋コンクリート構造物の透水性状

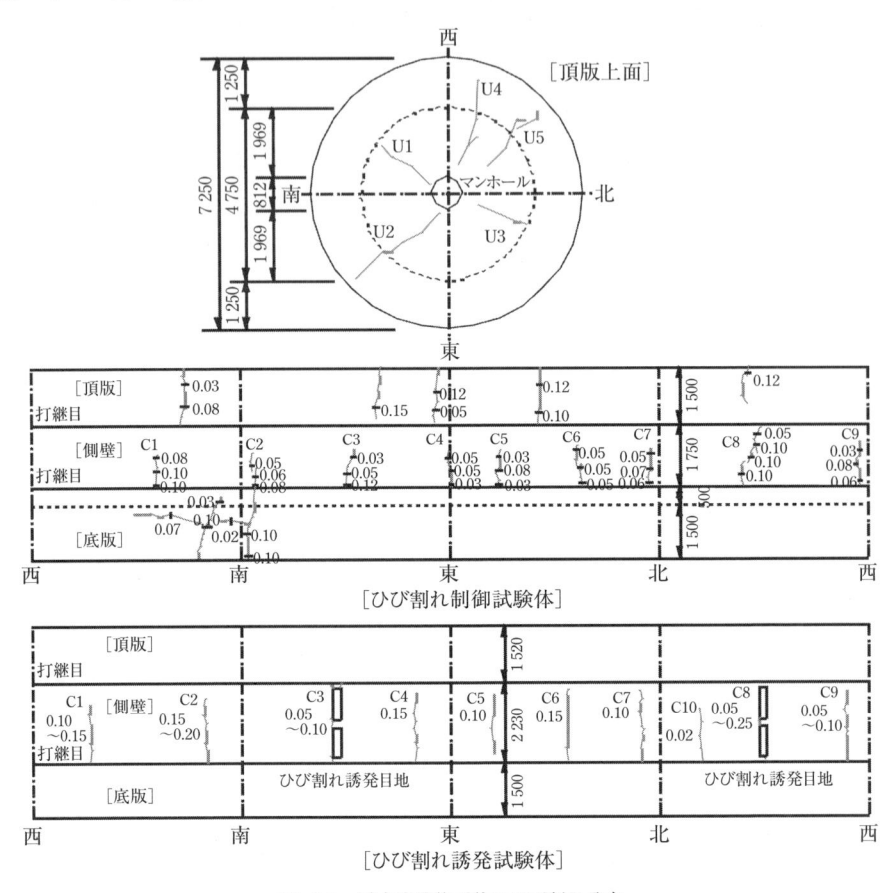

図-5.6 透水実験終了後のひび割れ分布

験を実施したが，ひび割れ制御試験体の頂版に貫通ひび割れが，新たに1本発生した．

(2) 施工後のひび割れの発生状況

a. 頂版ひび割れ

i) ひび割れの目視調査　最初に，ひび割れ制御試験体の頂版において発生したひび割れは，図-5.6と表-5.9に示すように，頂版中央部に埋設した外径が812mmのマンホールから放射方向にほぼ等ピッチで4本発生した．さらに，8ヵ月後に1本新たに発生したひび割れも放射方向に生じた．合計5本のひび割れは

5.1 施工実験

表-5.9 施工後の頂版のひび割れデータ

			ひび割れ幅 (mm)	ひび割れ長さ (m)	ひび割れ間隔 (°)
ひび割れ制御試験体	1回目	U1	0.07	1.70	75
		U2	0.10	3.20	97
		U3	0.07	1.30	105 (91)
		U4	0.07	2.80	83 (51)
	2回目	U5	0.10	3.20	- (46)
		平均	0.08	2.25 (2.44)	90 (72)

注) 1. ( ) 内はひび割れ2回目の発生時点のひび割れ間隔を示す。
    2. ひび割れ誘発試験体の頂版は，施工時に軽微なひび割れが発生していた。

いずれも放射方向であるが，格子配筋した東西南北とは斜め方向に交差して生じ，マンホールから側壁と頂版の打継面まで到達した。したがって，側壁に拘束された頂版が施工後の何らかの原因で引張応力が発生し，マンホール近傍の応力集中域で，コンクリートの引張強度を超えたと推定される。ひび割れの発生時期は施工後の透水試験中であり，試験体の施工時の温度応力および内圧による注水圧がひび割れの主な原因とは考えにくい。

ⅱ) 温度計測と温度応力解析　　2回目にひび割れが生じたときの温度の経時変化を図-5.7に示す。

発生当日は試験場所の建屋内の室温が約40℃に達し，恒温水循環装置の運転上限温度の35℃を超えたため，循環水温が10℃程度急上昇し，屋根直下にある試験体頂版の温度が上昇した。一方，それまで恒温養生により約21℃に保持されていた試験体の内側温度は，内部湛水の熱容量が大きくただちに追随しないことから，頂版の上面と下面に約10℃の温度差が生じたと推定される。

これを確認するため，循環水温が上昇後から安定するまでを対象とする非定常温度解析および全断面有効として頂版の上面と下面の温度差による温度応力解析を行った。

長期透水試験の注水圧が0.3 MPaによる円周方向引張応力を重ね合わせた最大引張応力結果を，図-5.8に示す。この応力解析により，試験体頂版の上面と下面に10℃の温度差が生じると，コンクリートの引張応力度は引張強度を上回ることがわかった。

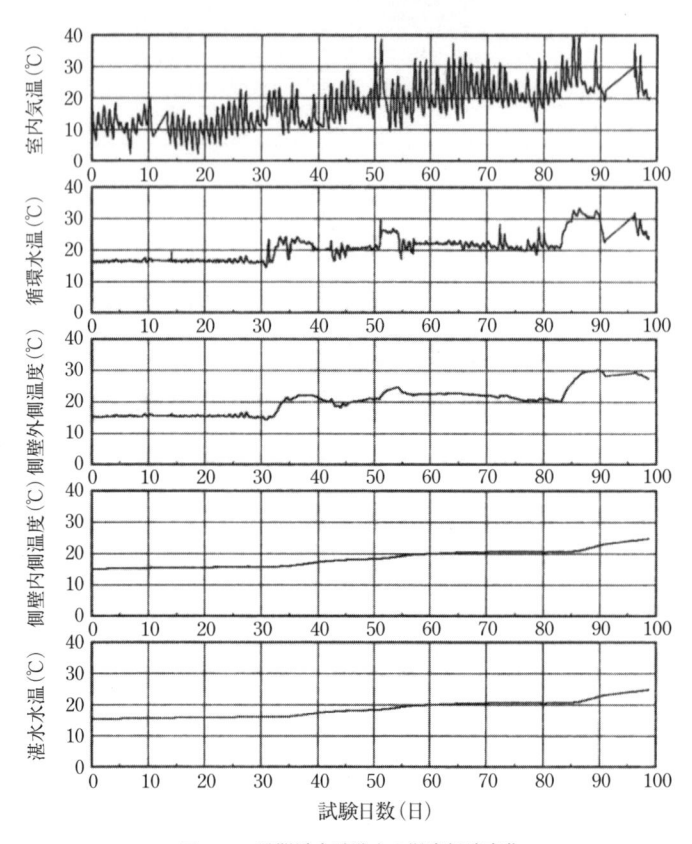

第5章：ひび割れを制御した中空円筒形鉄筋コンクリート構造物の透水性状

図-5.7 長期透水試験中の温度経時変化

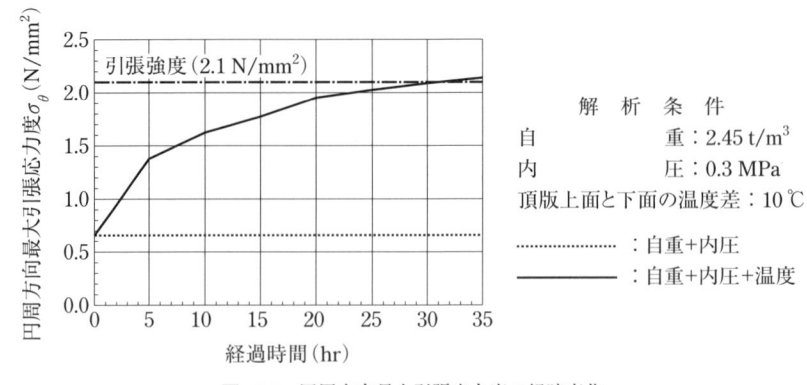

解 析 条 件
自　　　　　重：2.45 t/m³
内　　　　　圧：0.3 MPa
頂版上面と下面の温度差：10℃
‥‥‥‥‥：自重+内圧
―――――：自重+内圧+温度

図-5.8 円周方向最大引張応力度の経時変化

b. 側壁ひび割れ

さらに，9月に実施した恒温恒湿養生材の撤去時にひび割れが目視観察された。その時のひび割れおよび漏水調査を行った結果を，**図-5.6** と **表-5.10** に示す。

ひび割れ制御試験体の施工時においての3本のひび割れに対し，6本が施工後の透水試験および養生中に発生したものと考えられる。ひび割れの分布はひび割れ誘発試験体と比較してやや不規則であり，側壁の打込み高さの1.75 mと比較し

表-5.10 施工後の側壁ひび割れデータ

		施工時			透水試験終了時		
		幅(mm)	長さ(m)	間隔(m)	幅(mm)	長さ(m)	間隔(m)
ひび割れ制御試験体	C1	0.05	0.95	6.22	0.1	0.99	2.64
	C2				0.08	0.93	2.14
	C3				0.12	1.06	2.2
	C4	0.05	0.9	6.54	0.05	0.94	1.7
	C5				0.08	0.93	1.45
	C6				0.05	1.1	1.7
	C7				0.07	0.96	1.76
	C8	0.05	1.1	6.09	0.1	1.47	2.39
	C9				0.08	1.1	2.87
	平均	0.05	0.98	6.28	0.0811	1.05	2.09
		幅(mm)	長さ(m)	間隔(m)	幅(mm)	長さ(m)	間隔(m)
ひび割れ誘発試験体	C1	0.17	1.6	2.24	0.17	1.6	2.24
	C2	0.23	1.7	2.73	0.23	1.7	2.73
	C3	0.31	2.25	2.33	0.31	2.25	2.33
	C4	0.16	1.9	1.81	0.16	1.9	1.81
	C5	0.13	1.7	1.74	0.13	1.7	1.74
	C6	0.2	2	1.65	0.2	2	1.65
	C7	0.15	1.8	2.19	0.15	1.8	1.5
	C8				0.02	1	1.38
	C9	0.19	2.25	2.31	0.19	2.25	1.62
	C10	0.05	1.9	1.85	0.05	1.9	1.85
	平均	0.177	1.9	2.09	0.161	1.81	1.89

注）グレーの項目は，誘発目地の位置を表す

第5章：ひび割れを制御した中空円筒形鉄筋コンクリート構造物の透水性状

て平均ひび割れ間隔は約2.1mと長く，平均ひび割れ長さは1.05mと短い。なお，9本のひび割れのうち7本が，側壁の型枠材の継ぎ目位置に発生した。また，頂版のひび割れ5本のうち3本が頂版側面に進展し，底版側面の一部にもひび割れが発生した。

（3） 施工後に発生したひび割れの原因推定

施工時にひび割れを制御し，施工後に恒温湿潤養生を実施したひび割れ制御試験体では，施工後にひび割れの本数が増加したのに対し，施工時にひび割れが多く発生し，施工後に特別の養生を行わなかったひび割れ誘発試験体では，ひび割れが増加しなかった。この主な原因は，ひび割れ制御試験体では，剛性低下が小さいため自己拘束が大きくかつ，頂版の上面と下面の温度差が大きかったことが，温度応力を大きくしたと考えられる。この温度応力により曲げひび割れが発生後，内圧の注水圧をひび割れが生じていない断面で負担するために，引張応力が増加し，貫通ひび割れに進展したと推定される。

5.1.4 施工実験のまとめ

中空円筒形鉄筋コンクリート構造物の施工時および施工後のひび割れの発生状況から，その原因について推定したが，それぞれ内的・外的な温度変動等による拘束応力が密接にかかわっていることが明らかになった。本実験のような中空円筒形の鉄筋コンクリート構造物のひび割れを制御するためには，次の事項に配慮することが重要である。

① 中空円筒形鉄筋コンクリート構造物の施工時におけるひび割れは，平均的な引張強度よりも弱い円周上のどこかに生じる可能性がある。そのため，ひび割れの制御には，引張強度を2割程度低減するだけでなく，セメントの種類によっては，引張強度や伸び能力が小さいことや自己収縮が大きくなることを考慮する必要がある。

② 施工後，外荷重や外気温の変動が加わる中空円筒形の鉄筋コンクリート構造物のひび割れは，平均的な断面剛性よりも小さい円周上のどこかに生じる可能性がある。そのため，断面欠損部を検討するだけでなく，ひび割れの制御水準によっては，断面剛性を慎重に低減する必要がある。

5.2 透水性状

5.2.1 コンクリート単体の透水係数

　ひび割れの無い健全部のコンクリートの透水係数を評価するため，側壁の打込み時に直径が150 mmで高さが300 mmの円柱形型枠にコンクリートを打ち込み，1日間現場で養生後に脱型し，水中養生を行った。供試体は透水試験の28日前に水中から取り出し，27日間恒温恒湿室（温度が20 ± 3℃，相対湿度が60 ± 5 %RH）で気中放置し，透水試験の7日前に直径が150 mmで長さが150 mmの寸法に切断した。

　透水試験方法はインプット法のうち浸透深さ法[6), 7)]により行い，加圧力は1.0 MPa，加圧時間は48時間とした。試験結果から式(5.1)により水の拡散係数を求め，式(5.2)により透水係数を算出した。

$$\beta^2 = \frac{\alpha \cdot D_m^2}{4 \cdot t \cdot \xi^2} \tag{5.1}$$

ここに，β^2：拡散係数（cm^2/s）

　　　　D_m：平均浸透深さ（cm）

　　　　t：水圧を作用させた時間（48 h × 60^2 s）

　　　　α：水圧を作用させた時間に関する係数で$t^{3/7}$ = 175.7[6)]

　　　　ξ：水圧の大きさに関する係数で注水側圧力が1 MPa，平均浸透深さの浸透側圧力が0.1 MPaのとき，1.163[6)]

$$k = \beta^2 \times 10^{-10} \tag{5.2}$$

ここに，k：透水係数（m/s）

　表-5.11に示す透水試験結果から，材齢28日におけるコンクリート単体の透水係数は，普通ポルトランドセメントを使用したコンクリートが7.3 × 10^{-14} m/sに対し，2成分系低発熱セメントに石灰石微粉末を添加したコンクリートは，4.2 × 10^{-14} m/sとなった。透水係数は材齢が経過するほど小さくなるが，材齢1年でも材齢28日のせいぜい半分になる程度でその効果は小さい。なお，｛(材齢438日まで標準水中養生した後の試料の表乾質量)－(1日間105℃で乾燥後の試料の絶乾質

第5章：ひび割れを制御した中空円筒形鉄筋コンクリート構造物の透水性状

表-5.11　コンクリート単体の透水試験結果

	試験材齢 （日）	浸透深さ D_m(cm)	拡散係数 β^2 (cm²/s)	透水係数 k(m/s)	備　考
ひび割れ 制御試験 体	28	1.49	4.2×10^{-4}	4.2×10^{-14}	
	91	1.33	3.4×10^{-4}	3.4×10^{-14}	
	110	1.28	3.1×10^{-4}	3.1×10^{-14}	初期透水試験時
	365	1.17	2.6×10^{-4}	2.6×10^{-14}	長期透水試験時
ひび割れ 誘発試験 体	28	6.23	7.3×10^{-4}	7.3×10^{-14}	
	160	4.14	3.3×10^{-4}	3.3×10^{-14}	初期透水試験時
	438	2.45	1.1×10^{-4}	1.1×10^{-14}	

注）3供試体の平均値を示す。

量)}/試料の体積により算定した空隙率は，普通ポルトランドセメントを使用したコンクリートでは14.4％であった。

5.2.2　段階昇降圧による初期透水試験

透水試験は，2回に分けて実施した。両試験体ともに材齢2ヵ月で行った注水圧を段階的に変化させる初期透水試験と，ひび割れ制御試験体のみに対しては材齢1年で行った注水圧を一定とする長期透水試験である。

(1)　最大注水圧の設定

透水試験において注水圧は大きいほうが試験期間を短縮できるが，鉄筋コンクリート構造物に対しては内圧として作用する場合，大き過ぎるとひび割れ幅の拡大や新たなひび割れの発生が懸念される。そこで，最大注水圧を設定するために，次のような試験体の応力解析を実施している。

解析は軸対称弾性応力解析とし，境界条件は，試験体の側面最下端のみ鉛直方向を固定した。荷重は，自重と底面の等分布地盤反力および試験圧力として0.4 MPaを，試験体内面に作用させた。応力解析の結果を円筒座標系で示すと**図-5.9**となり，試験体に発生する鉛直面内および円周方向の引張応力度が，引張強度の1/3となる0.4 MPaを最大注水圧に設定した。

(2)　加圧注水装置

透水試験装置の概要を**図-5.10**に，加圧注水装置の仕様を**表-5.12**にそれぞれ

5.2 透水性状

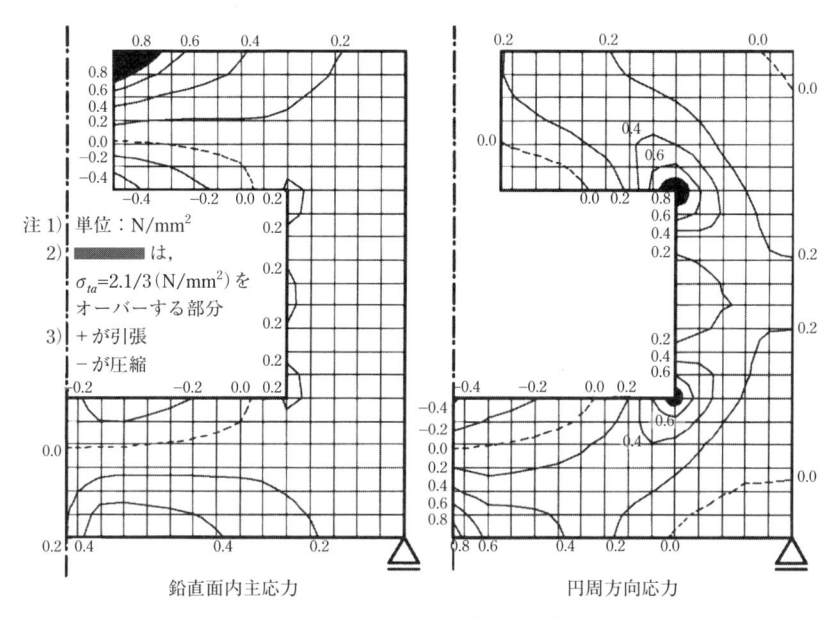

注1) 単位：N/mm^2
2) ■ は, $\sigma_{ta}=2.1/3$ (N/mm^2) をオーバーする部分
3) +が引張 -が圧縮

鉛直面内主応力　　　　　円周方向応力

図-5.9 0.4 MPa 加圧時の最大主応力分布

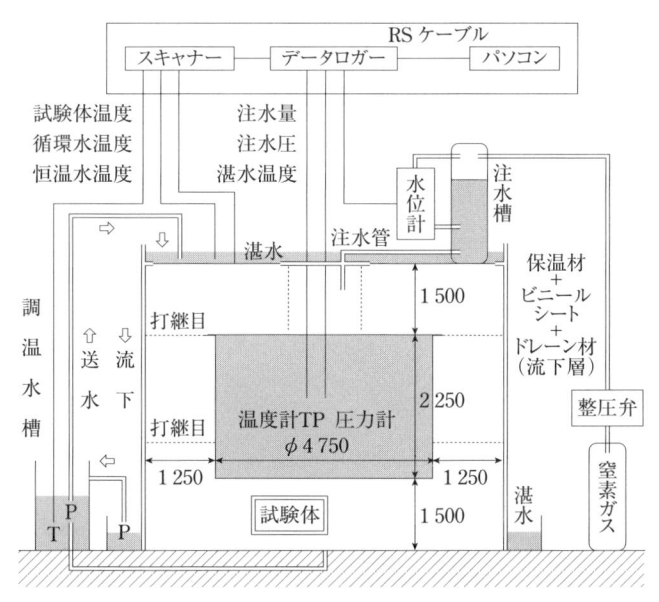

図-5.10 加圧注水法による透水試験の概要(ひび割れ制御試験体)

第5章:ひび割れを制御した中空円筒形鉄筋コンクリート構造物の透水性状

表-5.12 加圧注水装置の仕様(ひび割れ制御試験体)

名 称	仕 様	数 量
注水槽	内径:364 mm,容量:100 L	4本
整圧弁	0〜1 MPa,精度:0.001 MPa	1台
圧力計	歪ゲージ式,定格:1 MPa 分解能:0.0001 MPa	1台
水位計	磁気歪式,測定長:100 cm 分解能:0.1 mm (8×10^{-3} cm^3/min 〜 20 L/min)	2台
温度計	Pt 100 Ωシース測温抵抗体式	1本

示す。高圧の窒素ガスを整圧弁で調圧して注水槽上部の内空に加圧すると,注水槽内の水が加圧される。同時に,注水管により連通する試験体の内空部の湛水も加圧され,試験体の透水性に応じた注水が生じる。一定加圧下において,注水槽の水位低下量を水位計で測定して注水槽の断面積を乗ずれば,測定時間当たりの注水量が測定できる。

(3) 試験加圧

a. 試験方法

透水試験前に,主たる透水箇所の確認,試験対象外の止水性の確認および最大注水圧の確認を目的として,試験体の作製後2ヵ月目に試験加圧を実施している。

試験加圧は,以下の手順により行った。

① 試験体や注水槽内に気泡が残らないように,マンホールの蓋は水を越流させながら設置した。
② マンホールや計測ケーブル周辺の漏水および主な透水箇所を観察するために,試験体の外面を気乾状態にした。
③ 図-5.11に示す段階的な加圧ステップに従い,加圧注水装置により昇圧し,降圧した。

b. 試験加圧の結果

試験体の頂版に設置されたマンホールや計測ケーブル周りの漏水を観察し,最大注水圧が 0.4 MPa でも漏水せず,透水試験の対象外の止水性を確認した。また,鉄筋ひずみは日変動したが,加圧による変動は無視できる程度であった。一方,

5.2 透水性状

試験体に引張強度の 1/3 にあたる 0.7 N/mm² の引張応力が発生する 0.4 MPa で加圧しても，試験体に新たなひび割れは生じなかったことから，初期透水試験では，最大 0.4 MPa の加圧を行うことにした。

試験加圧時の漏水状況は**図-5.4**に示す。

ひび割れ制御試験体の漏水は，ひび割れのほかに止水板を設置した側壁と底版間の下部打継目の一部で観察された。ひび割れのない頂版と側壁間の上部打継目では漏水が観察されなかったことから，下部打継目のように止水板を跨いでひび割れが生じると，止水板は十分な止水効果を発揮できないと考えられる。逆に，構造目地のように分離する場合には，拘束されずひび割れが発生しにくいので止水効果を発揮すると考えられる。

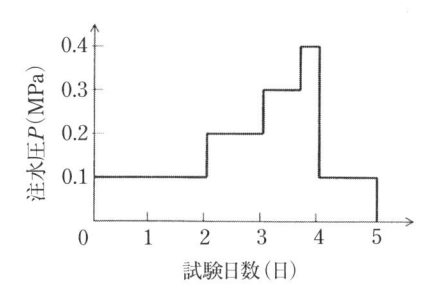

図-5.11 試験加圧の加圧ステップ（ひび割れ制御試験体）

打継目に止水板を設置しなかったひび割れ誘発試験体では，昇圧に伴いひび割れからの漏水本数は増加し，浸出位置は上昇した。さらに，ひび割れが進展していない上部打継目の一部から，注水圧を 0.4 MPa に昇圧以降に漏水が観察されたが，ひび割れが到達した下部打継目では観察されなかった。この理由は明らかではないが，下部打継目は剥離せず上部は剥離したためと推定される。上・下部の打継目の処理方法が同じであることから，この差が生じる理由は，消去法により上部打継目の剥離またはずれ応力が下部より大きかった可能性が考えられる。

また，下部打継目においては，ひび割れ誘発試験体が漏水しないのに対しひび割れ制御試験体が漏水したのも，前者は打継目が剥離せず後者は剥離したためと推定されるが，温度応力は前者の方が大きいため，剥離した理由は打継目の処理方法の違いに帰結すると考えられる。今後，打継目の剥離や横ずれは，温度応力や打継目の処理方法の観点から，さらに検討すべき課題と思われる。

注水量は，各注水圧において注水量が安定する測定期間の最終注水量を採用し，その結果を**図-5.12**に示す。

ひび割れ誘発試験体では，注水量は注水圧の増加に伴いほぼ指数状に増加した。試験加圧の開始後はひび割れと打継目の一部から漏水し，試験加圧の終了後は打継目に炭酸カルシウムの析出を確認した。

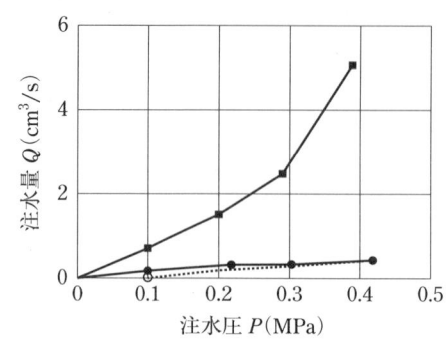

第5章：ひび割れを制御した中空円筒形鉄筋コンクリート構造物の透水性状

図-5.12 試験加圧の注水圧と注水量の関係

（4）保温湿潤養生

試験加圧の終了後，初期透水試験まで約1ヵ月間，試験体の内空部の湛水養生を継続した。またひび割れ制御試験体では，外面を湿潤状態に保つため**図-5.10**に示すように，試験体の上面と下面に散水するとともに，側面をビニールシートで被覆して試験体との間隙に流水した。さらに，外気温の変動を緩和するため，試験体の側面に保温材を被覆した。

一方，ひび割れ誘発試験体では，透水経路ごとの透水量をベンチレーション法[2]により測定するために，試験体の外面は被覆せず室内放置とした。

（5）初期透水試験

a. 注水圧および注水量の経時変化

初期透水試験は，試験加圧と同じく0.4 MPaを上限とし段階的に昇圧および降圧して，試験体の初期の平均透水性およびその圧力依存性の確認を目的として実施している。

初期透水試験の加圧ステップを**図-5.13**に示す。各加圧段階の注水圧と注水量の経時変化の例を**図-5.14**に，注水圧と注水量の関係を**図-5.15**に示す。各注水圧における注水量は，同一圧力の最終測定時間

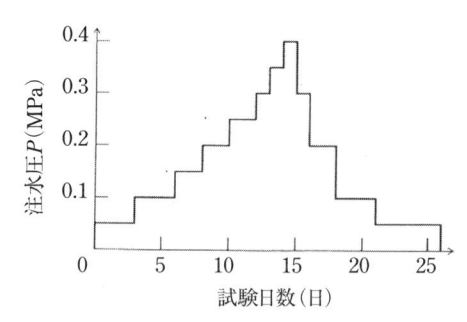

図-5.13 初期透水試験の段階昇降圧ステップの例
（ひび割れ制御試験体）

5.2 透水性状

の注水量を採用した。

この結果でも，ひび割れ誘発試験体の注水量は，注水圧に対しおおむね指数状に増加した。なお，注水量が図-5.12で示した試験加圧の場合と比較して少ないのは，止水欠陥の経時的な目詰まりと考えられる。

b. 透水係数の評価

初期透水試験の注水圧と注水量の関係から，透水係数の推定式(3.1)を用いて，試験体全体の平均透水係数を評価した結果を，図-5.16に示す。

幅が0.1〜0.3 mmの貫通ひび割れが9本発生したひび割れ誘発試験体の透水係数は，注水圧の増加に伴い0.1 MPaのときの2.0×10^{-10} m/sから0.4 MPaのときの4.3×10^{-10} m/sに増加した。この理由はひび割れ幅の測定結果から，内圧の増加によりひび割れおよび打継目等の止水欠陥幅が広がり，圧力依存性が現れたといえる。

ひび割れ部の透水性はひび割れ幅に2次比例するとされ，ひび割れ幅は注水圧

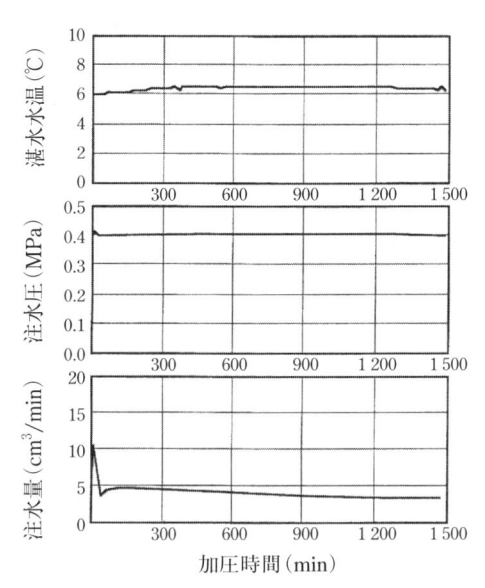

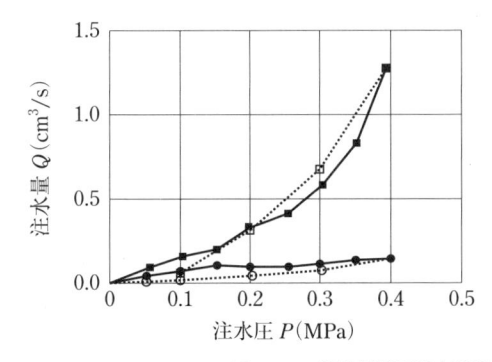

図-5.14 初期透水試験の0.4MPa加圧時の経時変化例（ひび割れ制御試験体）

図-5.15 段階昇降圧透水試験の注水圧と注水量の関係

第5章：ひび割れを制御した中空円筒形鉄筋コンクリート構造物の透水性状

図−5.16 段階昇降圧透水試験の注水圧と透水係数の関係

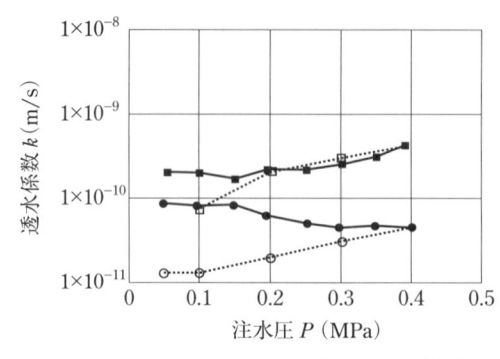

に1次比例すると，ひび割れ部の透水性は注水圧に2次比例することになる。コンクリート構造物の透水性はひび割れに支配されるとすると，試験体全体の透水性は注水圧に2次比例し，透水量は$k・A・i$から注水圧に3次比例することになり，**図−5.15**に示すひび割れ誘発試験体の試験結果の傾向を定性的に裏付ける。

一方，ひび割れが3本発生したひび割れ制御試験体の透水係数は，初期透水試験を開始した試験体の作製3ヵ月後における0.1 MPa開始時の8.2×10^{-11} m/sから0.4 MPaの4.5×10^{-11} m/sを経て0.1 MPa終了時の1.3×10^{-11} m/sに，経時的に漸減した。この理由は明確でないが，ひび割れ制御試験体の透水係数は，ひび割れ誘発試験体と比較しておおむね1オーダ小さいことから，昇圧による止水欠陥の拡幅より経時的な止水欠陥の目詰まりが勝った可能性が考えられる。その傍証として，透水性の大きいひび割れ誘発試験体では，昇圧時と降圧時の同じ0.1 MPaの透水係数の差は大きくなく，逆に，経時的な目詰まりはほとんどなかったと推察される。つまり，加圧注水法により得られるコンクリート構造物の初期透水性は，ひび割れ幅等の止水欠陥が大きいと試験圧力への圧力依存性が現れたり，止水欠陥が小さいと経時的な低下傾向が現れたりしたと考えられる。

止水欠陥の多い中空円筒形鉄筋コンクリート構造物の透水係数が，円筒内面に作用する注水圧力に依存するのは，注水圧力により円周方向および鉛直方向に引張応力が作用し，ひび割れや打継目の止水欠陥幅を広げることによる。ここで，コンクリート構造物の透水性として必要なのは，止水性を期待する際に適用する許容引張強度に匹敵する引張応力が生じているときの値である。透水試験は，加

圧注水法の特徴を生かして，許容引張応力が発生する注水圧力を作用させた透水試験を行い，透水係数を得るのがよい．

本試験のように，材齢初期に注水圧の大きい内圧の透水試験によって得られる透水係数は，大き目に評価され安全側といえる．ところが一般的には，地下水のように小さい動水勾配下においてできるだけ長期の透水係数を取得することが必要である．そのため，材齢1年以降に注水圧が一定の透水試験をひび割れ制御試験体について実施した結果を，以下に述べる．

5.2.3 注水圧が一定の透水試験

初期透水試験の終了後，ひび割れ制御試験体については，さらに6ヵ月間保温湿潤養生を継続したが，材齢11ヵ月において，頂版中央に設置したマンホールの外面から放射方向の貫通ひび割れが4本発生した．ひび割れが生じたときは外気温の変動時期であり，試験体の内空部に湛えられる多量の水が，外気温の変動に追随できずに内面と外面の温度差による応力が，作用したためと考えられる[1]．この後も長期透水試験を継続することから，ひび割れの補修は可能な限り側壁の透水対象を生かす方法とし，頂版のひび割れにはエポキシ樹脂を注入した．

(1) 試験方法

段階的に注水圧力を変化させた初期透水試験では，注水圧力の変更後に注水量が変動した．図-5.14に示したように，圧力を変更した後の一定圧力の継続時間が短かい昇圧時には，試験体の内空部がクリープ変形のために広がり見掛け上注水量を過大に，降圧時には逆に過小に評価する可能性がある．そこで注水圧を一定にして，経時的な透水性の低減に注目する長期透水試験を実施することにした．なお注水圧は，初期透水試験後のひび割れの発生を考慮して，引張強度の1/4にあたる引張応力が発生する0.3 MPaに低減した．

(2) 恒温湿潤養生

加圧注水法による透水試験では，試験体の内空積の変動が無視できることを前提にしており，試験温度を可能な限り恒温にする必要がある．そこで，初期透水試験の保温養生を強化して，写真-5.2に示すように側面に断熱材を取り付けた恒温養生を行うとともに，コンクリートの湿潤養生を兼ねて，温度調整した水を側面の断熱材との間に流下することにした．

第5章：ひび割れを制御した中空円筒形鉄筋コンクリート構造物の透水性状

　恒温水温は，試験場所の年平均気温を考慮して，17℃に設定した。循環水温は，上流で調温水槽内の恒温水温に近いが，流下にしたがい徐々に外気温の影響を受ける。年間を通じて恒温水温を維持するためには，試験体側面と上面・下面の交換熱量を供給する必要がある。試験体内部をすべて17℃一定の恒温状態と想定し，式(5.3)と式(5.4)により，外気との交換熱量を算定した結果を，**表-5.13**に示す。

　循環水量は，循環中の水温変動を季節にかかわらず±0.5℃以内に抑制するため，300 L/minを選定した。温度調整は調温水槽内で行い，**図-5.10**に示すように，ポンプにより試験体の頂版の上面および底版の下面中央に送水した。

写真-5.2　ひび割れ制御試験体の恒温湿潤養生状況

表-5.13　循環水の熱交換と温度変化量

	冬　期	夏　期
側面入熱量(W)	-4 740	5 020
上面下面入熱量(W)	-3 261	3 456
合計入熱量(W)	-8 001	8 476
設計循環水量(L/min)	300	300
循環中の温度変化量(℃)	-0.382	0.405

$$Q_W = \frac{2\pi \cdot \lambda \cdot T \cdot H}{ln(r_2/r_1)} \tag{5.3}$$

$$Q_S = \frac{2 \cdot \lambda \cdot T \cdot A}{t} \tag{5.4}$$

ここに，Q_W, Q_S：側面および上面・下面への入熱量(W)
　　　　λ, t：断熱材の熱伝導率(W/m℃)，厚さ(m)
　　　　r_1, H：試験体外形の半径(m)，高さ(m)
　　　　T：水温と気温の温度差(℃)であり，最高気温を35℃，最低気温を0℃に想定
　　　　r_2：断熱材の外半径($r_1 + t$)(m)

A：試験体の底面積 (πr_1^2) (m^2)

(3) 長期透水試験

a. 試験温度の経時変化

長期透水試験中の恒温湿潤養生による室内気温，循環水温度，試験体側壁の温度および湛水水温の100日間の経時変化を，**図-5.17(a)**に示す。

調温水槽の水温制御幅は±0.5℃程度生じたが，加熱・冷却設備の制御時間の遅れおよび調温水槽の小容量(3.0 m³)を考慮すると，制御幅はこの恒温装置による温度制御の限界と思われる。

17℃の恒温湿潤養生を継続することにより，試験体側壁の外側温度は4日間で15.5℃に上昇するのに対し，内側は遅れて温度上昇するが，日変動は±0.05℃程度に著しく緩和された。また，試験体の外側および内側の温度は，頂版・側壁・底版でほとんど差がないことから，試験体全体の恒温化が裏付けられた。さらに，17℃の恒温湿潤養生を1ヵ月間継続することにより，養生前に14℃程度であった試験体内の湛水温度は，1℃温度上昇し15℃程度となった。温度上昇が遅れる理由は，試験体および容量が40.6 m³の内部湛水の熱容量が大きいためと考えられる。

b. 注水圧および注水量の経時変化

注水圧および注水量の経時変化を**図-5.17(b)**に示す。

同図に示すように，比較的注水圧が安定した試験日数が2～14日のうち，外気温が安定した6～8日には注水量も安定したのに対し，外気温の日較差が大きい0～5日には，注水圧が±0.01 MPa程度変動した。この原因は，注水槽の温度変動によると考えられたため，17日目から頂版上に送る恒温水の一部を注水槽に散水した結果，注水圧の日変動は低減した。

また，整圧弁を用いて注水圧を0.3 MPaに保持するように制御したが，計測中に幾度か注水圧が低下し，手動によりほぼ0.3 MPaに調整した。この原因は，窒素ガスによる一定背圧と注水槽内の静水圧からなる注水圧が，注水に伴う注水槽内の水位低下に応じて減少するためと考えた。そして，36日目から注水槽を4本並列配置し，注水槽内の水位低下量を小さくした。注水量の時間変化量を1時間の注水量/60分で整理し，同図に示す。

前項で述べたように，注水圧の日変化を低減させた試験日数が17日目以降にお

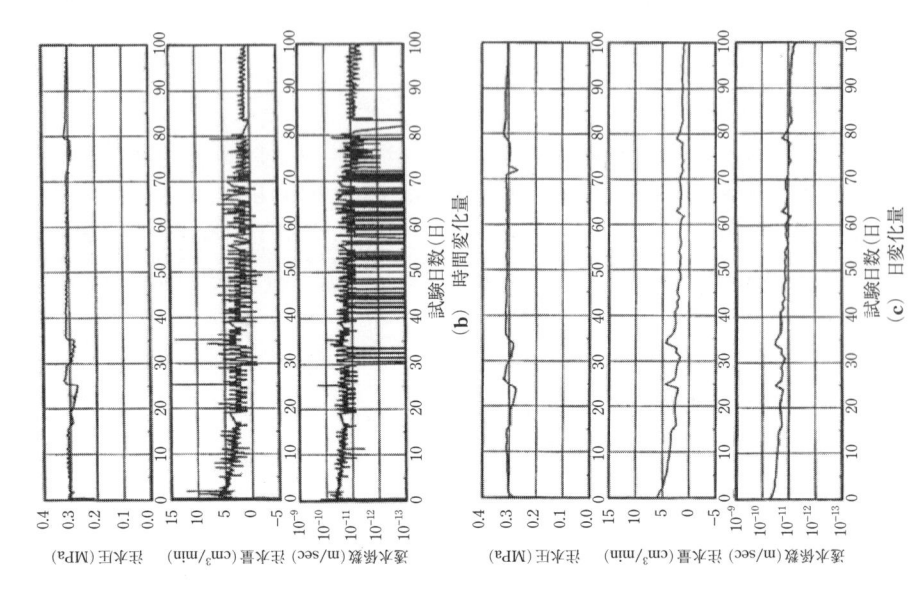

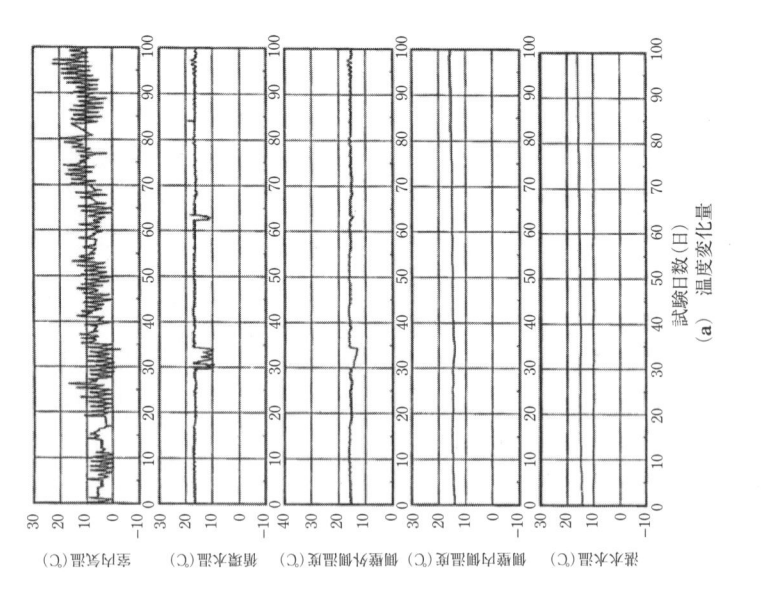

第5章：ひび割れを制御した中空円筒形鉄筋コンクリート構造物の透水性状

図-5.17 長期透水試験の経時変化

いても，時間注水量の経時変化には外気温の影響が残った。

さらに，40日目以降には注水量が負の値も測定された。この原因は漸減する透水量に対し，試験温度の変動による試験体の内空積の時間変動量が上回ったと考えられる。そこで，気温の日較差の影響を除去できるように，注水量の日変化量を1日間の注水量/(24×60分)で整理し，**図-5.17(c)**に示す。

このようなデータ処理によっても，日々異なる温度変動によりスムースな注水量は得られないが，注水量は試験日数とともに漸減することが明確になった。したがって，試験日数が50日目を過ぎ，試験体と湛水温度がほぼ平衡に達した時点で，試験温度および注水圧力が一定の加圧注水法による透水試験の前提条件が，ほぼ満足されたと推定される。

c. 透水係数の評価

ひび割れ制御試験体全体の平均的な透水係数は，同図に示すように，透水試験の継続とともに漸減する。その結果，長期透水試験の開始から70日目を過ぎた透水係数は 1.0×10^{-11} m/s となり，頂版のひび割れ発生前に実施した初期透水試験での透水係数を下回った。

この理由として考えられるのは，止水欠陥部の未水和セメントの反応進行による透水経路の目詰まり，浸潤面の進行に伴う圧力勾配の減少等が挙げられるが，特定できていない。また，長期透水試験中は，恒温湿潤養生のため試験体全体に断熱材を覆っており，試験体表面や内部の状況は確認できていない。

5.2.4 加圧注水法の妥当性の検討

加圧注水法では，試験体の内空部の湛水部に送水する水量を透水量とみなす。すなわち，透水量は注水量に等しいと仮定している。この仮定が成立するには，以下の試験条件が成り立たなければならない。

① 試験体の内空積の変動が少なく，湛水部に送水した水量が試験体への注水量とみなせること。

② コンクリートの未飽和域への注水が比較的少なく，試験体への注水量が浸出した透水量と見なせること。

そこで，これらの試験条件がほぼ成立し，透水試験により得られる試験体の平均的な透水係数が有効な測定精度を有することを，以下に検証している。

第5章：ひび割れを制御した中空円筒形鉄筋コンクリート構造物の透水性状

（1） 外気温の変動に伴う内空積変動の影響

図-5.17に示す加圧注水法によるひび割れ制御試験体の長期透水試験のうち，安定した90日以降の測定結果でも**図-5.18**に示すように，注水圧および注水量は日周期で変動しており，外気温の変動に伴い，試験体内の内圧および内空積は変動すると考えられる。そこで，試験体および注水槽の外面に生じる日温度変動を周期的な三角関数形と仮定し，試験体内の湛水および注水槽内の加圧ガスの内空積，体積および圧力変動を検討することにした。

試験体外面の日温度変動は，**図-5.17(a)**に示した恒温水温の測定結果に，室内雰囲気からの熱伝導の影響を考慮して±1.5℃とする。注水槽内の加圧ガスの平均的な温度変動ΔT_G，体積変動ΔV_Gおよび圧力変動ΔP_Gには，ボイル・シャルルの法則により式(5.5)が成立する。

$$\frac{P_G \times V_G}{273 + T_G} = \frac{(P_G + \Delta P_G) \times (V_G + \Delta V_G)}{273 + T_G + \Delta T_G} \tag{5.5}$$

ここに，P_G, ΔP_G：注水槽内の加圧ガス圧力と変動（MPa）
V_G, ΔV_G：注水槽内の加圧ガス体積と変動（cm^3）

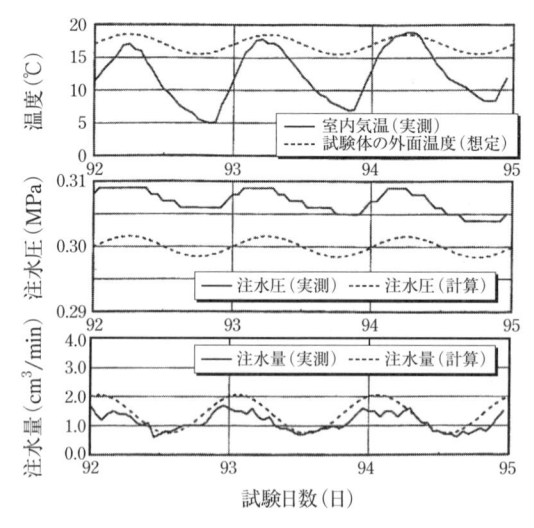

図-5.18 温度変動による注水圧および注水量変動

$T_G, \Delta T_G$：注水槽内の加圧ガス温度と変動(℃)

加圧ガスおよび湛水の体積変動は，試験体の温度および圧力変動による内空積の変動と等しいことから，式(5.6)と式(5.7)が成り立つ。なお，水は非圧縮性とし，温度変動による体積変動のみを考慮した。

$$\Delta V_{WT} + \Delta V_G = \Delta V_{CP} + \Delta V_{CT} \tag{5.6}$$

$$\Delta V_G = \Delta V_{CP} + \Delta V_{CT} - \Delta V_{WT} \tag{5.7}$$

ここに，ΔV_{WT}：温度変動による湛水の体積変動(cm^3)
ΔV_{CP}：圧力変動による試験体の内空積の変動(cm^3)
ΔV_{CT}：温度変動による試験体の内空積の変動(cm^3)

したがって，式(5.7)を式(5.5)に代入すると，式(5.8)となる。

$$\frac{P_G \times V_G}{273 + T_G} = \frac{(P_G + \Delta P_G) \times (V_G + \Delta V_{CP} + \Delta V_{CT} - \Delta V_{WT})}{273 + T_G + \Delta T_G} \tag{5.8}$$

試験体に作用する圧力変動は，注水槽内の加圧ガスの圧力変動と等しいことから，圧力変動 ΔP_G(MPa)による試験体の弾性変形解析により，ΔV_{CP} は 50 550 × ΔP_G(cm^3)となる。ΔT_G は非定常温度解析により，ΔV_{WT} は非定常温度解析から得られる湛水の平均温度変動 ΔT_{WT} に湛水量と水の体積膨張率を乗じることにより，ΔV_{CT} は非定常温度を用いた応力解析により，それぞれ周期を1日とする三角関数が得られる。これらを式(5.8)に代入すると，圧力変動 ΔP_G の2次式となり，バランスする ΔP_G が三角関数で定まる。

図-5.19に示す変動量の計算結果から，試験体外面の日温度の変動が ± 1.5 ℃ 生じると，試験体の内空積の変動は ± 95 cm^3 生じるのに対し，湛水の体積変動は ± 5.8 cm^3 と少ない。また注水槽内の加圧ガスの温度変動は ± 1.3 ℃ 生じ，圧力変動およびこれによる試験体の内空積の変動は，それぞれ ± 0.0016 MPa，および ± 81 cm^3 となり大きい。

図-5.18に破線で示したように，試験体外面の日温度の変動を三角関数としたモデル化の違いおよび並列に配置した4本の注水槽内の上下逆方向の水位変動に

対する水位フロートの追随性を考慮すると，測定した注水圧および注水量の変動は，位相のずれおよび変動幅をおおむね再現していると考えられる。

したがって，ボイル・シャルルの法則を導入することにより，外気温による変動現象はほぼ表現できたと考えられる。

これらの計算結果を式(5.6)に代入すると，注水槽内の加圧ガスの体積変動として± 152 cm^3 が求まる。加圧ガスの体積変動は注水槽内の水量の変動を表しており，その変化率が注水量の変動 ΔQ であることから，計算すると± 0.66 cm^3/min が求まる。したがって，試験体全体の平均透水係数を 1.0×10^{-11} m/s とすると，注水圧が 0.3 MPa のときの注水量 q は，下式から 1.4 cm^3/min となり，測定精度 $\Delta Q/Q$ として 47 % が得られ，図-5.17(b)の注水量の変動を比較的よく説明できる。

凡例:
- 温度による試験体の内空積変動：ΔV_{CT}
- 圧力による試験体の内空積変動：ΔV_{CP}
- 温度による湛水の体積変動：ΔV_{WT}
- 注水槽内のガスの体積変動：ΔV_G

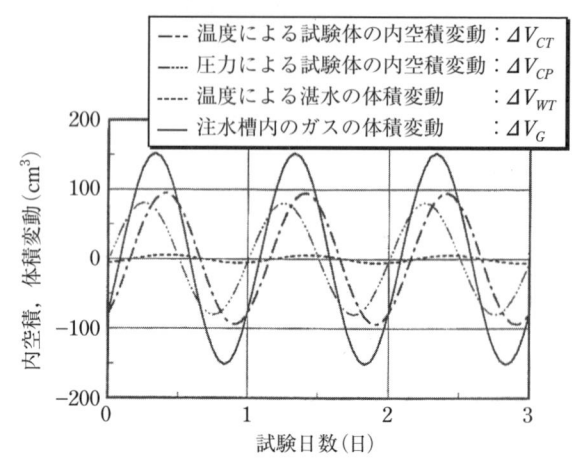

図-5.19 外面温度変動による内空積および体積変動

$$q = \frac{A \cdot H \cdot k}{l} = \frac{30 \times 1 \times 10^{-11}}{1.32 \times 10^{-2}} = 2.27 \times 10^{-9} \, (\mathrm{m^3/s}) = 1.4 \, (\mathrm{cm^3/min})$$

以上のことから，試験体の内空部に加圧注水する量を透水量とみなす加圧注水法が成立するには，内空積の変動を抑制する以下の2条件を抑制することが必要といえる。

① 注水圧が変動すると，試験体の変形により内空積が変動するため，注水圧を一定とする。

② 温度が変動すると，試験体の熱変形による内空積の変動とともに，内空部の湛水および注水槽内の加圧ガスが体積変動するため，試験温度を一定とする。

5.2 透水性状

以上検討した外気温の変動により測定水量が変動する現象は，通常の透水試験においても起こり得る現象である。とくに，低透水性の大型試験体では顕著になると考えられるが，小型試験体でも透水量が少ないため，温度と圧力による試験体の内空積変動のピークが接近すると想定され，透水試験に共通する検討を要する課題と考えられる。

(2) コンクリート一般部への初期注水量の影響

試験体内部の加圧された湛水は，コンクリートの止水欠陥部と一般部に注入される。そのうち止水欠陥部へ注入される水は容易に通水するが，一般部へ注入される水はすぐに通水しないため，浸透域での動水勾配が大きくなり，定常浸透と比較して注水量が多くなる可能性がある。そこで，試験体全体の平均的な透水性を注水量で評価する加圧注水法の妥当性を確認するため，コンクリートの一般部への初期注水量が，止水欠陥部への量と比較して少ないことを，以下のように検証することにした。

コンクリート供試体では，浸透法[8]により注水した水量および加圧注水後に割裂して浸透深さを測定すれば，式(5.9)により，コンクリートの透水係数が算定できる。

$$k = \frac{q \cdot l}{A \cdot H} \tag{5.9}$$

ここに，k：コンクリートの透水係数(m/s)
q：単位時間の注水量(m^3/s)
l：平均浸透深さ(m)
A：透水面積(m^2)で一定
H：注水側の圧力水頭(m)で一定

ところが，大型の鉄筋コンクリート構造物では，加圧注水後に割裂して浸透深さを測定できない。そこで，浸透深さに代わる境界条件を設定するために，図-5.20に示す浸透面のコンクリートの空隙率を導入して，注水量と浸透深さの変化量の関係を表すと，式(5.10)が成立する。

$$q \cdot dt = dl \cdot A \cdot v \tag{5.10}$$

第5章：ひび割れを制御した中空円筒形鉄筋コンクリート構造物の透水性状

ここに，dt：単位加圧時間(s)
　　　　dl：単位時間当たりの浸透深さ(m)
　　　　v：コンクリートの空隙率(水貯留率)

式(5.9)を式(5.10)に代入し q を消去すると式(5.11)となり，平均浸透深さ l は t の関数となる。

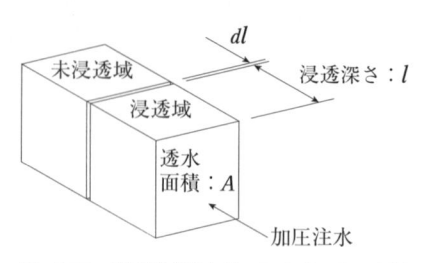

図-5.20　加圧注水によるコンクリートへの浸透概念

$$\frac{dl}{dt} = \frac{k \cdot H}{v \cdot l} \tag{5.11}$$

この一般解の $l^2 = 2 \times k \times H \times t/v + $ const.に，$t = 0$ のとき $l = 0$ の初期条件を適用すると，式(5.12)となり，浸透深さと加圧時間の関係が得られる。

$$l^2 = \frac{2 \cdot k \cdot H \cdot t}{v} \tag{5.12}$$

ひび割れ誘発試験体の初期透水試験において，0.4 MPaの加圧時にコンクリート一般部に注水された量を，k は浸透深さ方法により得られた β^2 から算定する値を，v は5.2.1項で得られた105℃乾燥により得られた空隙率の14.4％を用いて試算する。最初に，試験加圧から初期透水試験の0.4 MPaまでに浸透した深さを算出し，これを式(5.9)に代入してコンクリート一般部への注水量を算出する。なお，式(5.13)は平行浸透流を想定しているが，l が微小であることから，式(5.14)の A を試験体の内表面積とすることにより，試験体への注水量を算定した。

$$l = \sqrt{\frac{2 \cdot k \cdot H \cdot t}{v}} = 6.1 \times 10^{-3} \text{ (m}^3) \tag{5.13}$$

$$q = \frac{A \cdot H \cdot k}{l} = 5.7 \times 10^{-8} \text{ (m}^3/\text{s)} \tag{5.14}$$

ひび割れ誘発試験体において，0.4 MPaの加圧時の一般部への注水量は 5.7×10^{-8} m³/s と試算され，初期透水試験において得られた止水欠陥を含む試験体全体への注水量の 1.3×10^{-6} m³/s に占める割合は4.5％程度であり，注水量全体に与

える影響は少ない。一方，ひび割れ制御試験体の全体注水量は1オーダ小さくなるが，表-5.11に示したように，コンクリートの透水係数はおよそ2オーダ小さいことから，影響はさらに少ないと推定される。また，一般的な大型の鉄筋コンクリート構造物には少なくとも打継目が存在することから，コンクリート一般部に注水される量が透水性を過大にすることはないといえる。

したがって，外面温度の日変動を±1.5℃に抑制したひび割れ制御試験体の長期透水試験において，1時間当たりの注水量の測定精度は，(1)項の外気温の変動に伴う内空積の変動の影響，および(2)項のコンクリート一般部への初期注水量の影響を合わせておよそ±50％となる。この測定精度は，透水係数が10^{-11} m/sオーダのコンクリート構造物を対象とする透水試験では，けっして大きくはない[6]。本試験ではさらに，外気温変動の少ない1日間の注水量に基づいて算定している。

以上のことから，加圧注水法の試験条件を満足すれば，鉄筋コンクリート構造物全体の平均的な透水係数を，十分な精度で評価できるといえる。

(3) 加圧注水法による透水試験の留意事項

a. 漏水防止対策

マンホール鋼管の外周面は，コンクリートとの界面が形成されて透水試験時に漏水の径路になる懸念がある。そのため，水膨張性ゴムによりシーリングを行い，透水試験に先立ち試験加圧を行って透水試験対象外の止水性を確認した。しかし，試験体の製作1年後の長期透水試験時に，若干の漏水が目視されたことから，シール材の耐久性について再検討する必要がある。

b. 恒温湿潤養生

試験体の外面の透水条件を明確にするため，湛水や散水等による湿潤養生を実施した。また，見掛けの注水量が変動する要因である試験温度を一定にする目的から，初期透水試験では，±5℃に及ぶ外気温の日変動の影響を緩和する断熱材を被覆した。さらに，長期透水試験では，±0.5℃程度の恒温水を循環した結果，試験体温度の日変動は±0.05℃に低減した。それでもなお，注水量には外気温の変動の影響が残ることから，今後さらに止水性の高いコンクリート構造物の透水試験は，恒温条件の得られやすい場所，例えば地下で実施したほうがよい。

c. 内圧の制限

注水圧は，注水量を短時間に測定するには大きい方がよいが，内圧載荷では試

験体に引張応力が発生するため，過大な加圧により試験体にひび割れ等の欠陥を生じさせないことが肝要である。このため，透水試験では最大引張応力を引張強度の1/3以内に制限したが，外気温の変動により試験体にひび割れが発生した。そのため，このようなひび割れを防止する面からも地下での実施が望ましい。

d. 加圧力の安定

高圧の窒素ボンベから，整圧弁を介して注水槽内をほぼ0.3 MPaに減圧調整したが，気温の日較差が大きいときには，注水槽内の温度変動による加圧ガスの膨張収縮により，注水圧も変動した。透水試験中の注水圧の変動が，試験体の内空積の変動に与える影響は大きく，可能な限りその変動を抑える必要がある。そのため，恒温水の一部を注水槽に散水することにより，透水係数が 10^{-11} m/sオーダの測定ができたが，圧力変動を完全には消去できず，加圧注水装置の性能から±0.01 MPa程度が制御の限界と考えられる。

e. 試験期間

透水データを整理する間隔を1日とすることにより，気温の日較差の影響を抑制した結果，注水量の変化は比較的安定した。したがって，安定した注水量を得るには，一定加圧による透水試験を長期間継続したほうがよい。

今後，さらに止水性の高いコンクリート構造物を作製しその透水性を確認するためには，① 構造物の材料や環境条件とひび割れの発生評価，② ひび割れと打継目等の止水欠陥とその透水性の評価，③ さらに透水性の小さい構造物への加圧注水法の適用性評価等，検討すべき課題も残されている。

5.2.5 透水試験のまとめ

鉄筋コンクリート構造物の透水性を実験的に評価するために，構造物の内空部の湛水部へ一定の注水圧を作用させてその注水量を測定し，構造物全体の平均的な透水係数を評価する加圧注水型透水試験方法（以下，加圧注水法と略称する）を提案している。この加圧注水法を，温度ひび割れを制御および誘発した外径が7.25 m，壁厚が1.25 m，高さが5.25 mの中空円筒形の鉄筋コンクリート構造物に適用し，その透水性状を実験的に検討している。そして，その結果を以下のようにまとめている。

① 大型構造物の透水試験に対して提案した加圧注水法の妥当性を検証した結

果，一定加圧・一定温度の条件で長期間の透水試験を行うことにより，少なくとも透水係数が10^{-11} m/s以上のコンクリート構造物に対する加圧注水法は，適用可能である。

② 難透水性材料を対象とする透水試験において，試験体および加圧注水装置の日温度の変動により加圧側湛水の体積および圧力が変動し，測定水位に周期的な変動を与えることから，日温度の変動は，注水量あるいは透水量の測定精度に影響する。

③ 温度ひび割れが9本発生したひび割れ誘発試験体は，作製後に室内放置した5ヵ月目に，試験圧力を段階的に変化させ透水試験を実施した。加圧注水法により求めた平均透水係数は，試験圧力に応じ指数的に増加し，試験圧力が0.4 MPaのときに4.3×10^{-10} m/sを得た。

④ 温度ひび割れが3本発生したひび割れ制御試験体は，作製後に保温湿潤養生した5ヵ月目に，試験圧力を段階的に変化させ透水試験を実施した。加圧注水法により求めた平均透水係数は，試験履歴の影響を受け経時的に減少し，試験圧力が0.4 MPaのときに4.5×10^{-11} m/sを得た。この値は，ひび割れ誘発試験体と比較して1オーダ小さい透水係数となり，透水の抑制効果が確かめられた。

⑤ 初期透水試験後に，頂版に発生したひび割れを補修したひび割れ制御試験体は，断熱湿潤養生を行いながら試験圧力が0.3 MPaの一定下で長期透水試験を継続した。加圧注水法により求めた試験体の平均透水係数は，1×10^{-11} m/sまで経時的に漸減した。

● 参考文献

1) 小西一寛, 伊藤 洋, 藤原 愛, 辻 幸和：中空円筒構造物の温度ひび割れの制御, コンクリート工学年次論文報告集, 日本コンクリート工学協会, pp.1405〜1410 (1997.6)
2) 坂口雄彦, 伊藤 洋, 西岡吉弘, 藤原 愛, 辻 幸和：微粒子セメント懸濁液グラウトによる中空円筒コンクリート構造物の止水欠陥補修, 土木学会論文報告集, No.574/Ⅵ-36, pp.85〜95 (1997.9)
3) 土木学会, コンクリート標準示方書〔平成2年版〕施工編, pp.134〜146 (1991.7)
4) 土木学会, コンクリート標準示方書〔平成8年制定〕施工編, pp.182〜193 (1996.3)
5) 土木学会, コンクリート技術シリーズ14 最新のマスコンクリート技術, pp.8〜23, (1996.11)
6) 村田二郎：コンクリートの透水試験方法の一提案, セメントコンクリート, No.166, pp.19〜24, (1960.12)
7) 村田二郎：コンクリートの水密性の研究, 土木学会論文集, 第77号, pp.69〜103, (1961.11)

第5章：ひび割れを制御した中空円筒形鉄筋コンクリート構造物の透水性状

8) Tyler,I.L. and Erlin,B.：Jour. of Portland Cement Association Research and Development Laboratories, pp.2～7 (Sept.1961)

第6章 ひび割れを防止した中空円筒形鉄筋コンクリート構造物の難透水性状

　温度ひび割れの防止を目指す鉄筋コンクリート構造物には，自己拘束が大きくひび割れの生じやすい，大型の鉄筋コンクリートの中空円筒形状を採用している。第5章で報告した大型の中空円筒形鉄筋コンクリート構造物と同様なものであるが，温度ひび割れを防止できた対策とともに，5年以上の長期間にわたる透水試験結果を報告する。そして，このように温度ひび割れを防止した鉄筋コンクリート構造物は，0.25MPaの加圧状態では水をほとんど通さない難透水性であると評価できることを明らかにする。

6.1　施工実験

6.1.1　施　工

(1)　試験対象と温度ひび割れの制御対策

　本章で報告するひび割れ防止試験体は，外水圧による透水試験を実施するものである。そのため，側方に1.0mの湛水スペースを確保して，加圧水槽を先行して作製している。すなわち，図-6.1に示すように，加圧水槽は外径が10.0m，高さが9.0m，躯体厚さが1.0m，その内側に作製する試験体は外径が6.0m，高さが7.0m，躯体厚さが1.0mとした。

　加圧水槽に内圧で作用する透水試験の水圧を0.25MPaとすると，円周方向に発生する引張応力は$0.9\,N/mm^2$となり，ひび割れの発生が懸念された。そこで，コンクリートの設計基準強度は比較的高強度の$40\,N/mm^2$とし，規準[1]により部材厚さが1.0mに応じた許容引張強度を算定すると$2.13\,N/mm^2$となり，発生が予測

第6章：ひび割れを防止した中空円筒形鉄筋コンクリート構造物の難透水性状

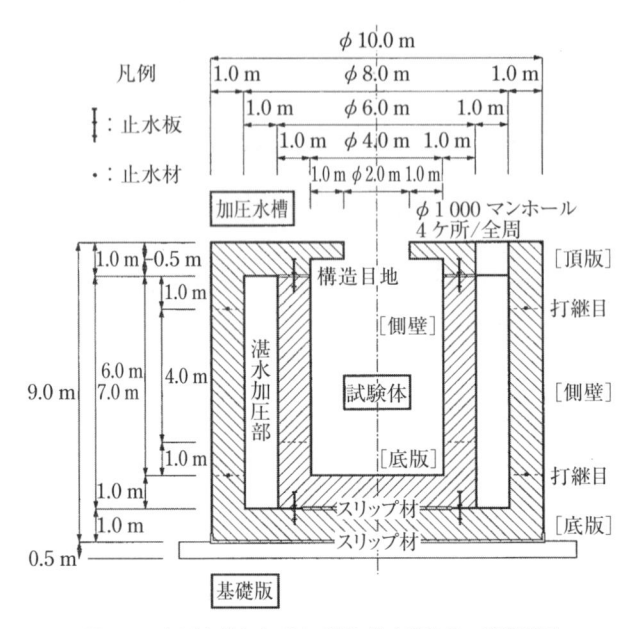

図-6.1 加圧水槽およびひび割れ防止試験体の構造概要

される引張応力を大きく上回ることからプレストレスを導入しないことにした。ただし，ひび割れが発生しても有害なひび割れとならないように，側壁鉄筋の最大配筋量はD38を200mmピッチで2段(SD295)の複鉄筋とし，写真-6.1に示すように，最外縁鉄筋の重ね継手端を中心として300mm区間をR9mm，ピッチ75mmのスパイラル筋で補強した。一方，ひび割れ防止試験体では透水試験の水圧が外圧として作用するため，写真-6.2に示すように，D29を200mmピッチの複鉄筋とした。

ひび割れ防止試験体と類似の形状である加圧水槽は，温度ひび割れの抑制を目標とした。表-6.1に示すような温度ひび割れの

写真-6.1 加圧水槽側壁鉄筋の重ね継手部のスパイラル筋の補強状況

制御対策のうち3つの対策を採用し，先行して施工した。その結果，春季に作製した加圧水槽では温度ひび割れが生じた。加圧水槽と同様な温度ひび割れ対策を用いると秋季に施工するひび割れ防止試験体の，温度ひび割れ指数は1.1となり，50％以上の確率で温度ひび割れが発生すると予想された。そこで，温度ひび割れの防止を目標とするひび割れ防止試験体では，液体窒素によるコンクリートのプレクーリング，および保温湿潤養生を強化してひび割れ防止試験体をシートで覆う断熱湿潤養生を，対策に追加している。

写真-6.2 試験体側壁鉄筋とセパレータの配筋状況

加圧水槽とひび割れ防止試験体には通常の順打ち工法を模擬し，水平打継目を設けた。打継目位置は，側壁に対する底版の拘束を低減すること，および応力が大きくなる隅角部を避けることを目的として，**写真-6.3**に示すように，底版の上面から上方に約1.0 m上げ越し，側壁の最下部を底版と同時に打ち込んだ。底版立ち上がり施工は，側壁に生じる温度応力を緩和する方法として，側壁の打込み後の温度による変形を拘束する底版拘束度を軽減する目的で，底版の打込み時に側壁下部を先行して一体で打ち込む方法である。ひび割れ防止試験体では全体の

表-6.1 温度ひび割れの制御対策

	対策項目	加圧水槽	ひび割れ防止試験体
	温度ひび割れの制御目標	温度ひび割れ抑制	温度ひび割れ防止
構造	側壁下部の底版同時打込み	嵩上げ高さ1 m	嵩上げ高さ1 m
	底版下面の拘束低減	スリップ材	スリップ材
配合	低熱セメント (σ_{91} = 40N/mm^2)	低熱ポルトランドセメント	低熱ポルトランドセメント
	液体窒素によるプレクーリング	（常温打込み）	打込み温度 8 ± 2℃
施工	初期養生	（保温湿潤養生）	断熱湿潤養生

第6章：ひび割れを防止した中空円筒形鉄筋コンクリート構造物の難透水性状

プロポーションから立ち上がり高さを壁厚としたが，立ち上がり高さをさらに高くし拘束度を低減した方が，さらに効果が上がると考えられる。

加圧水槽は，基礎地盤の変形を低減するために厚さが0.5 mの鉄筋コンクリート基礎版上で，拘束を緩和するためにビニール製シート（$t = 1$ mm，2枚）を敷いて作製した。ひび割れ防止試験体は，透水試験時のアップリフトを抑制する必要から底面外周部に止水板を設置し，その内側より減圧排水するため，**写真-6.4**に示すように，ドレーン材（パブリックドレーン A 型，$t = 10$ mm）を敷いた。既設コンクリート上に底版を打ち込むと，側壁打継目と同様に，温度下降時に既設コンクリートから拘束を受け，底版

写真-6.3　試験体底版と立上部のコンクリート一体打込み後状況

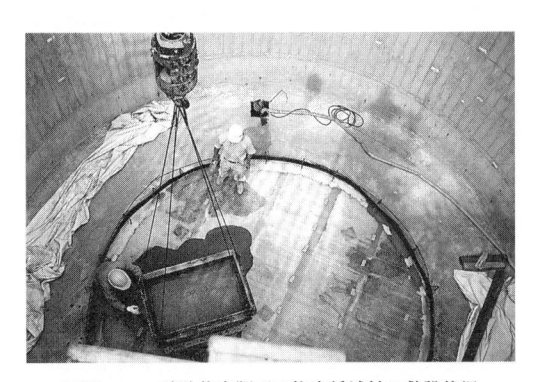

写真-6.4　試験体底版下の拘束低減材の敷設状況

下部に引張応力が生じることが考えられた。そこで，スリップ効果を期待して底版下面に拘束低減材を敷いた。なお，ひび割れ防止試験体の側壁と加圧水槽の頂版間の構造目地には，水膨張性ゴム製の止水板を埋め込み，構造的に分離した。

（2）　コンクリート材料と配合

a.　使用材料

ひび割れ防止試験体では，透水性を支配する施工時のひび割れを抑制するために，セメントの種類をパラメータとする断熱温度上昇および自己収縮・乾燥収縮に関するセメントの事前選定試験を行い，収縮の少ないビーライトを58％含む低熱ポルトランドセメントを選定した。コンクリートの配合条件は水密性および耐

久性の向上から，単位セメント量を 400 kg/m^3 とし，材齢 91 日の設計基準強度を 40 N/mm^2 に設定した．また，材料分離とブリーディングの低減および水密性の向上のために，石灰石微粉末を 50 kg/m^3 混入した．

次に，低熱ポルトランドセメント等をはじめとするひび割れ抑制対策を施して，試験体と模擬形状の加圧水槽を事前施工したが，側壁上端角部に微細な表面ひび割れが発生した．ひび割れ防止試験体コンクリートの打込み温度を常温から 8 ℃ に冷却して打ち込むことにより，温度ひび割れ指数は底版中央部で 5.6 から 7.3 に，側壁中央部で 4.1 から 6.1 に改善されることがわかった．さらに，秋季に打ち込むひび割れ防止試験体では，打込み後に外気温が低下して温度ひび割れの発生が懸念されたため，**写真-6.5** に示すように，液体窒素によるプレクーリングを行うとともに，保温養生を強化した．

低熱ポルトランドセメントの物理化学的性質を**表-6.2**に，コンクリートの使用材料および品質条件を**表-6.3**と**表-6.4**に，試し練りにより選定した標準配合を**表-6.5**に，それぞれ示す．

b. フレッシュコンクリートの品質

コンクリートの温度，スランプ，空気量，ブリーディング等

写真-6.5 液体窒素によるコンクリートのプレクーリングと打込み状況

表-6.2 低熱ポルトランドセメントの物理・化学的性質

	3 日	7 日	28 日	
圧縮強さ (N/mm^2)	4.3	6.2	21.7	
水和熱 (kJ/kg)	—	178	244	
凝結時間 (h-m)	始発		終結	
	4-10		6-20	
成分組成 (%)	C$_3$S	C$_2$S	C$_3$A	C$_4$AF
	21.0	58.0	3.2	11.0

第6章：ひび割れを防止した中空円筒形鉄筋コンクリート構造物の難透水性状

表-6.3　コンクリートの使用材料

使用材料		特　性
低熱ポルトランドセメント		密度 = 3.24 g/cm^3，比表面積 = 3 060 cm^2/g
微粉末材料	石灰石微粉末	密度 = 2.70 g/cm^3，比表面積 = 3 010 cm^2/g セメントとプレミックス
骨材	細骨材　神流川産陸砂 (S1) 利根川産川砂 (S2)	混合比率 S1 : S2 = 7 : 3 表乾密度 = 2.58 g/cm^3，F.M. = 2.81
	粗骨材　秩父産石灰砕石	表乾密度 = 2.70 g/cm^3，F.M. : 6.70 実積率 = 62.8 %，単位体積重量 = 1.69 kg/L
練混ぜ水	上水道	—
混和剤	高性能 AE 減水剤	ポリカルボン酸系

表-6.4　コンクリートの品質条件

	粗骨材の最大寸法 (mm)	スランプ (cm)	空気量 (%)	設計基準強度 σ_{91} (N/mm^2)	水セメント比 (%)	打込み温度 (℃)
加圧水槽	20	15 ± 2.5	4.5 ± 1.5	40	41.3	（常温）
ひび割れ防止試験体	20	15 ± 2.5	4.5 ± 1.5	40	41.3	8 ± 2

表-6.5　コンクリートの標準配合

	細骨材率 s/a (%)	単位量 （kg/m^3）					
		水 W	セメント C	細骨材 S	粗骨材 G	石灰石微粉末 LF	高性能 AE 減水剤
加圧水槽	44.0	165	400	736	980	50	4.95　(C+LF) × 0.85 ～ 0.9 %
ひび割れ防止試験体	44.0	165	400	736	980	50	4.50　(C+LF) × 1.1 %

のフレッシュコンクリートの品質を，表-6.6 に示す。

　ひび割れ防止試験体に用いたコンクリートの冷却は，作製場所に設置した冷却

表-6.6 フレッシュコンクリートの品質

		外気温 (℃)	コンクリート温度 (℃)	スランプ (cm)	空気量 (%)	ブリーディング率 (%)
加圧水槽	底版	9.0	11.1	17.5	4.6	2.88
	側壁	12.0	14.8	17.0	4.6	2.50
	頂版	6.0	11.2	16.5	4.1	1.87
ひび割れ防止試験体	底版	22.0	24.2 ↓冷却 5.7	13.5 ↓冷却 13.0	4.2 ↓冷却 4.0	1.22
	側壁	11.0	17.6 ↓冷却 7.6	17.0 ↓冷却 14.0	4.1 ↓冷却 3.8	1.30

専用装置で,液体窒素をアジテータ内に噴入しながらコンクリートを攪拌し,打込み温度が8±2℃におさまるよう管理した。また,スランプおよび空気量等が所定の品質条件を満足するように,高性能AE減水剤および空気量調整剤の添加量を調整した。

c. 断熱温度上昇試験

各種セメントを用いたコンクリートの断熱温度上昇試験結果を,図-6.2に示す。

普通ポルトランドセメントおよび低熱ポルトランドセメントを用いたコンクリートの断熱温度上昇試験結果を $T = T_{max}(1-e^{(-\gamma t)})$ 式に近似すると,T_{max} が64.0℃から47.8℃へ,γ が1.09から0.42へそれぞれ低減する。

なお,低熱ポルトランドセメントを用いたコンクリートでは,打込み温度が10℃と20℃の断熱温度上昇試験結果にほとんど差はないが,以下の理由により10℃にプレクーリングしている。すなわち,温度ひび割れの原因となる引張応力が増加する部位は,構造物内の平均温度変化に対し相対的に

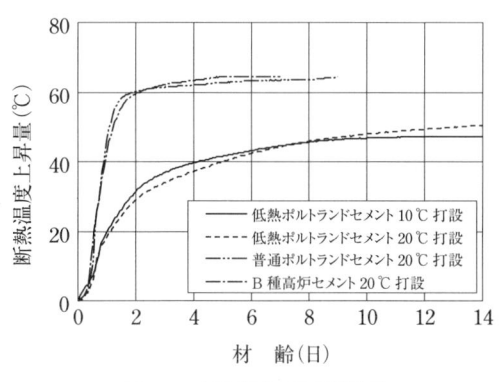

図-6.2 断熱温度上昇試験結果

第6章：ひび割れを防止した中空円筒形鉄筋コンクリート構造物の難透水性

温度が低下する部位であり，打込み直後の温度上昇時の断面表面部や，温度下降時の断面内部が相当する。これに対しプレクーリングにより打込み温度を低下させると，断面表面部は打込み直後に逆に周辺温度により温められ膨張するとともに，断面内部は最高温度が低下してその後の温度降下が緩やかになり，引張応力が低減されるためである。

d. 自己収縮試験

コンクリートの自己収縮の試験方法を以下に，試験容器の構造を図-6.3にそれぞれ示す。

① 円筒管（直径が50 mmで高さが300 mm）の内面に，スポンジおよびビニールシートを貼り付け，コンクリートが自由に収縮できる構造の容器を製作する。

② 円筒管中心部に埋込型ひずみ計と熱電対を設置する。

③ センサーを傷めないよう円筒管内のコンクリートを十分に締め固めた後，天端を塩化ビニール製の蓋で覆って端面の乾燥を防ぎ，20 ± 1℃の恒温室内に静置する。

④ コンクリートの打込み後より，内部ひずみと温度の計測を開始し，材齢28日まで計測する。

自己収縮試験の結果から，凝結の終結時を初期値とした自己収縮ひずみを図-6.4に示す。

既往の文献[2]によれば，普通ポルトランドセメントおよびB種高炉セメントを用いたW/Cが

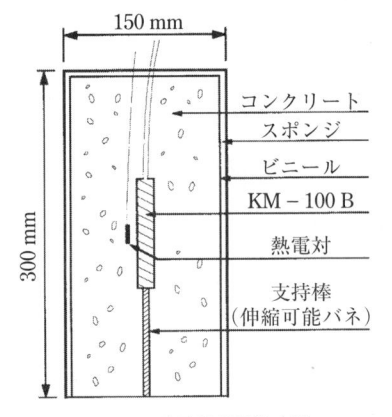

図-6.3 自己収縮試験容器

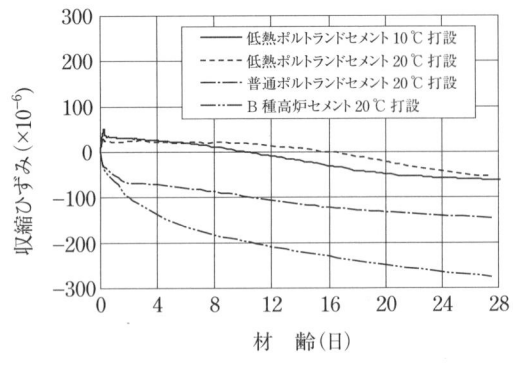

図-6.4 自己収縮試験結果

40％程度の高流動コンクリートの自己収縮量は，150〜200μ程度である。本研究でも，打込み温度が20℃の材齢28日の自己収縮量は，普通ポルトランドセメントが約100μ，B種高炉セメントが300μ程度であった。これらの値と比較して，低熱ポルトランドセメントを用い打込み温度が10℃のコンクリートでは，材齢28日の自己収縮量が60μ程度であり，かなり小さな値となった。

e. 強度特性

試験体の作製場所で採取したコンクリート供試体は，材齢1日まで型枠中で屋外養生し，脱型後20℃の水中において標準養生した。低熱ポルトランドセメントを用いたコンクリートの強度は，材齢1日までの若材齢において型枠養生中の外気温の影響を強く受けたが，液体窒素によりプレクーリングした影響は少なかった。そこで，圧縮強度，ヤング係数および引張強度と標準養生の材齢の関係を，$\Sigma(T+10)\Delta t/30$で示す有効材齢との関係に補正して，**図-6.5**から**図-6.7**に示す。なお，材齢1日までの養生温度は外気温と同一とし，計測した外気温を用いて有効材齢に補正した。

(3) 打込み

作製工程は**表-6.7**に示すとおりである。

春季に加圧水槽を，およそ半年後の秋季にひび割れ防止試験体を作製し，それぞれの底版と側壁コンクリートを，約1ヵ月の間隔をおいて順次打ち込んだ。コンクリートの練混ぜは，試験体の作製場所から約10km離れた製造プラント工場において行い，トラックアジテータ車により運搬した。

型枠は，既製の円柱形鋼製型枠($t=2.3$ mm)を使用した。また，打継面の処理は，**写真-6.6**に示すように，打込みの翌日にレイタンスを取り除く一般的な施工とした。なお，透水試験時に内圧を受ける加圧水槽では，打継目に水膨張性ゴム製の止水材（断面20 mm × 20 mm）を設置したが，透水試験の対象となるひび割れ防止試験体では長期の耐久性が不明なため，止水材を使用しなかった。

(4) 養生とひび割れの目視調査

a. 加圧水槽

加圧水槽では打込み面に養生マットを敷き散水するとともに，**写真-6.7**に示すように，型枠に沿って養生シートで覆う保温湿潤養生を行った。材齢8日における側壁の脱型直後におけるひび割れの目視調査により，事前解析において温度ひ

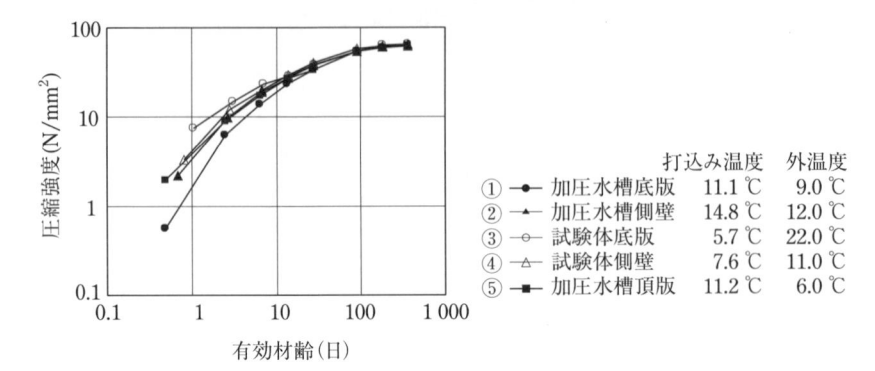

第6章：ひび割れを防止した中空円筒形鉄筋コンクリート構造物の難透水性

図-6.5　圧縮強度と有効材齢の関係

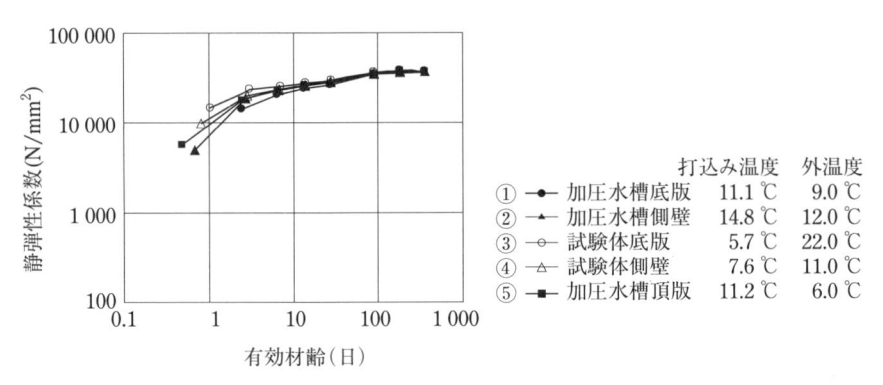

図-6.6　ヤング係数と有効材齢の関係

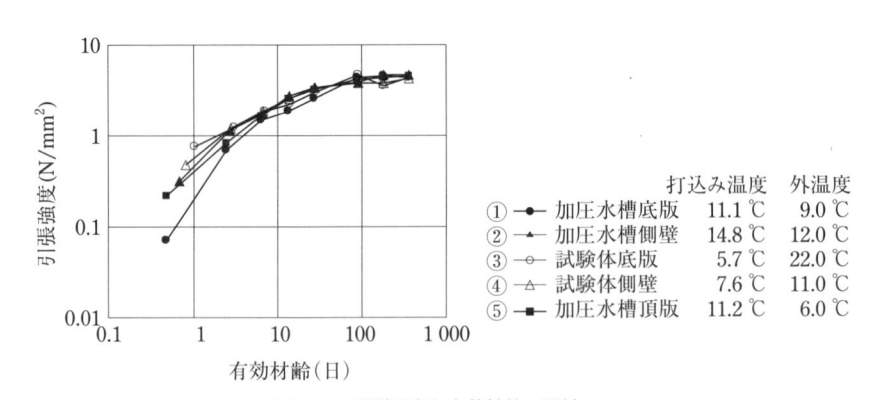

図-6.7　引張強度と有効材齢の関係

6.1 施工実験

表-6.7 作製工程

月	2	3	4	5	6	7	8	9	10	11	12	1	2	3
加圧水槽底版		□												
加圧水槽側壁			□											
内部湛水養生					▭	▭								
ひび割れ防止試験体底版									□					
ひび割れ防止試験体側壁										□				
加圧水槽頂版											□			
湛水養生														□

割れ指数の小さかった側壁表面の鉛直方向では，ひび割れが生じなかったが，**写真-6.8**に示すように，側壁上端の打継目の外周側鉄筋から外側の角にかけて，幅が0.1 mm程度の微細な表面ひび割れを多数確認した。

温度の計測からひび割れの原因を推測すると，側壁中央部の最高温度が38℃のとき，側壁上部の表面部温度は23℃であり，内外温度差(ΔT)から簡易式[3]($15/\Delta T$)により温度ひび割れ指数を求めると1.0となった。側壁上端角部ではさらに表面温度が低下することから，円周方向の温度応力が引張強度を上回ったと推定される。

このように，部材表面で同様な養生を行っても，断面内の温度分布が異なる理由は，側壁上部では放熱面が多くかつ風速が早いことに加えて，打継面では重ね継手用に突出した鉄筋が放熱体として働き，放熱を促進した可能性も考えられる。このことに関しては，後に検討を加える。また，**写真-6.9**に示すように，側壁の打込みから約1カ

写真-6.6 試験体側壁水平打継目のレイタンス除去作業状況

写真-6.7 加圧水槽側壁上面の水平打継面から突き出た打継用鉄筋

第6章：ひび割れを防止した中空円筒形鉄筋コンクリート構造物の難透水性

月後に湛水した加圧水槽の水張調査（水深6.0 m）では，湛水7日後に底版と側壁間の打継目（水深5.0 m）の一部から，写真-6.10に示すように，水が滲むのが観察された。

b. ひび割れ防止試験体

加圧水槽では保温養生が不足したと考え，ひび割れ防止試験体では保温を強化した断熱養生を行うことにした。断熱養生の熱伝達率の目標は3.5 W/m^2℃とし，加圧水槽も含むひび割れ防止試験体全体を写真-6.11に示すように，ブルーシートで完全に覆った。断熱養生にシートを用いた理由は，シート内の対流によりひび割れ防止試験体の周囲空間の温度を平均化するとともに，上部コンクリートの雰囲気を高温にし，放熱を抑制する効果を期待したためである。なお，実際の施工では，ひび割れ防止試験体の内側が事前解析と比較して過度に温度上昇したため，温度上昇の抑制と脱型時の急激な表面温度の低下を事前に緩和する目的で，側壁の材齢が2〜5, 8, 12, 15, 18日に1回/日の頻度で内型枠へ散水した。

写真-6.8 加圧水槽側壁上面の外側角部のひび割れ発生状況

写真-6.9 加圧水槽内の湛水によるコンクリートの湿潤養生状況

写真-6.10 加圧水槽内の湛水による水平打継目の漏水状況

一般的に打込み初期の保温養生には、コンクリート内外の温度差を低減し、内部拘束応力(内外温度差に起因する応力で主に初期の表面に引張応力として発生する)を減少させる効果がある。ただし、温度上昇が大きくなるため、逆に外部拘束の大きなものは温度ひび割れ上不利になるとともに、早期に保温養生を中止する場合には表面温度が急激に低下してひび割れが発生する危険性もあり、保温程度と保持期間の選定が重要となる。

写真-6.11 試験体コンクリート打込み後のシートによる養生状況

また、ひび割れ防止試験体では、打込み後側壁上面に養生マットを敷き散水した。さらに、側壁型枠脱形直後には、側面を水で濡らし、写真-6.12に示すように、ポリエチレンシートで被覆し、湿潤を保持した。

その結果、後述する温度ひび割れ指数の評価では、側壁の打込み直後の温度上昇時に表面の鉛直方向で2.2であり、比較的小さな温度ひび割れ指数が生じるのは側壁の表面部に限られた。また、側壁の打込み後0.5～3ヵ月に行った側壁および底版の目視調査においても、温度ひび割れは観察されなかった。さらに、加圧水槽の頂版施工後から透水試験装置の設置まで3.5ヵ月間、試験体の保温と乾燥防止を兼ねて、試験体の内・外側に湛水養生を行った。

気温の上昇する春季に打ち込んだ加圧水槽において微細な表面ひび割れが発生した原因は、部材内の温度差によると推定されたのに対し、気温の低下する秋季に打ち込んだひび割れ防止試験体においてひび割れを防止できたのは、以下の温度ひび割

写真-6.12 試験体側壁脱型後のシートによるコンクリートの湿潤養生状況

れ制御対策の効果によると考えられる。つまり，ひび割れ防止試験体で追加したコンクリートの打込み温度を低下するプレクーリングにより内部の最高温度を抑制する効果と，断熱養生により表面温度の低下を抑制する効果である。

また，側壁の打込み後から約3ヵ月目に実施したひび割れ防止試験体と加圧水槽間の湛水調査（水深8.0 m）においても，ひび割れ防止試験体の打継目（水深6.0 m）からの漏水は観察されなかった。

温度ひび割れ指数が小さい加圧水槽は，打継目に止水材を設けても一部漏水が目視されたのに対し，比較的温度ひび割れ指数が大きいひび割れ防止試験体は，止水材を設けなくても漏水しなかった。したがって，事例は少ないが，コンクリートの一般部と比較して，弱点となりやすい打継目に作用する温度応力は小さいほうが，剥離・ずれ等の損傷も少なく，止水上の欠陥にもなりにくいと思われる。

6.1.2 温度および温度応力の計測

コンクリートの温度や温度応力の計測は，初期養生の管理を行うとともに，後述するシミュレーションの照合データを得ることを目的として実施している。

主な計測センサーの配置を図-6.8に示す。有効応力計は，鉄筋の影響を受けにくい断面中央の円周方向に加圧水槽で2点，ひび割れ防止試験体で6点を配置した。

（1）加圧水槽

12℃で打ち込んだ底版は，材齢3日に断面中央部で最高温度の33℃に達した後，材齢5日には底版の断面下部より温度が低下したことから，主に底版上面から放熱したと考えられる。底版と一体に打ち込んだ側壁立上部は，上面と両側面の3面から放熱することから，材齢2日で最高温度の25℃に到達後，その温度降下は早かった。

16℃で打ち込んだ側壁は，断面中央において材齢2日で最高温度の38℃に達したが，内側が外側温度と比較して高く，主に側壁の外面から放熱したと推定される。側壁の中部・下部の断面中央で，円周方向に設置した有効応力計は，温度上昇に伴う膨張により$0.1 \sim 0.2$ N/mm^{2}の圧縮応力に増加した後，温度降下に伴って反転し$0.8 \sim 1$ N/mm^{2}の引張応力に到達した後，緩やかに漸減した。

貫通ひび割れの生じ易い側壁下部の断面中央に，45°間隔で全周8箇所に設置

したダミー鉄筋のひずみの計測結果を，図-6.9に示す。

その結果，鉄筋ひずみはすべて同様な圧縮モードを示し，ほぼ軸対称性が保たれたことから，ひび割れが発生しなかった傍証と考えられる。

(2) ひび割れ防止試験体

8℃で打ち込んだ底版は中心部の断面中央において，材齢3.5日後に最高温度の39℃に達した後，材齢11日で下部温度を下回ったことから，加圧水槽と比較して上面からの放熱は抑制されたと考えられる。底版の断面中央で円周方向に設置した3点の有効応力計は，打込み直後の温度膨張により最大で0.4～0.6 N/mm^{2}の圧縮を示した後，温度降下に伴い徐々に減少した。また，図-6.10に示すよ

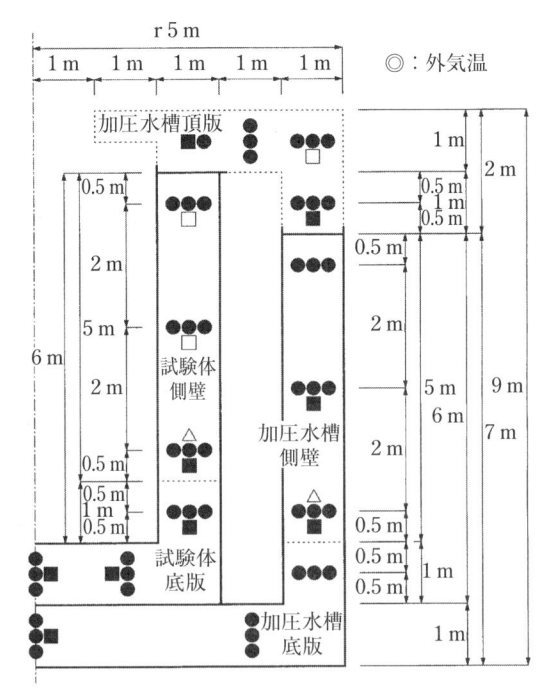

図-6.8 主な温度および温度応力計測センサーの配置

注) 1. ○：熱電対
　　　□：有効応力計(θ方向)
　　　△：鉄筋ひずみゲージ(θ方向に8計測点)
　　　(●，■はシミュレーションできたセンサー)
2. 熱電対は断面中央と表面から8cmの位置

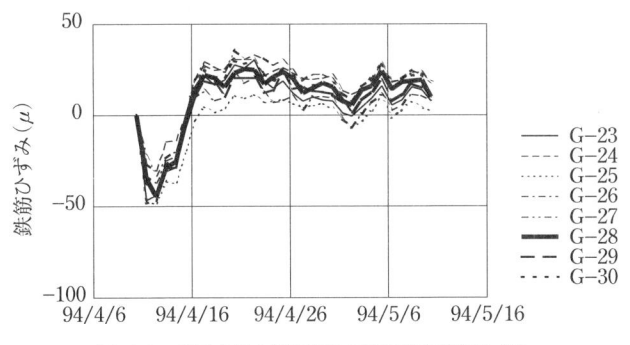

図-6.9 加圧水槽の側壁下段の円周方向鉄筋ひずみ

第6章:ひび割れを防止した中空円筒形鉄筋コンクリート構造物の難透水性

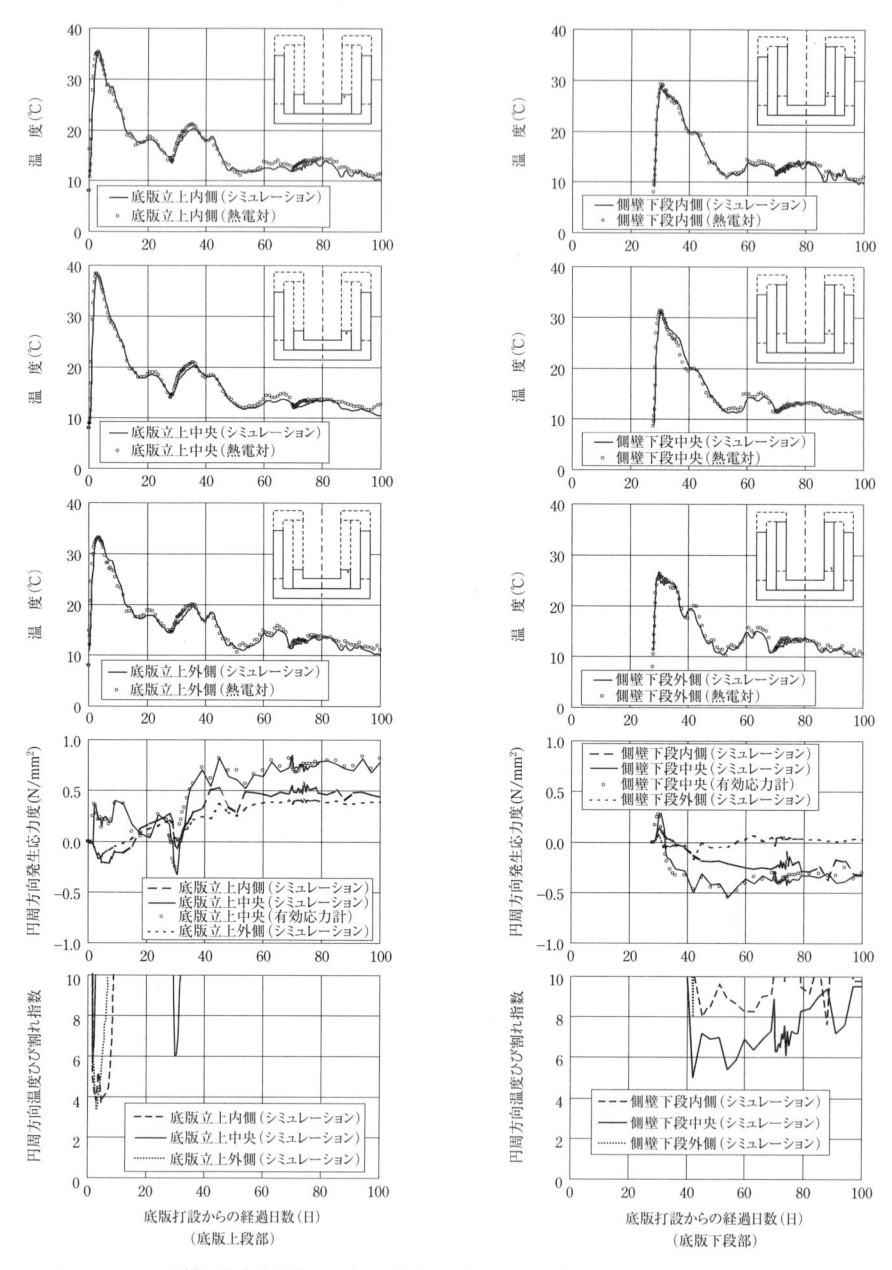

図-6.10 ひび割れ防止試験体の打継目近傍の温度・温度応力および温度ひび割れ指数の履歴

うに，底版の立上部中央は，側壁の打込み後の温度膨張に伴い最大で0.3 N/mm^{2}の引張反力を受けた後，側壁の温度降下による収縮に伴い最大で0.8 N/mm^{2}の圧縮に転じた。

8℃で打ち込んだ側壁は断面中央部において，材齢3日後に最高温度の35℃に達した後，主に外面から放熱した。同図に示すように，側壁下部の断面中央で円周方向の有効応力計は，温度上昇により最大で0.3 N/mm^{2}の圧縮を示した後，温度降下により引張に転じて最大で0.6 N/mm^{2}に達した。

ひび割れ防止試験体においても，貫通ひび割れの生じやすい側壁下部の断面中央に45°間隔で設置した8点のダミー鉄筋のひずみは，**図-6.11**に示すようにすべて同様な圧縮モードを示し，ほぼ軸対称性は保たれた。このことから，ひび割れが発生しなかった傍証と考えられる。

以上の目視調査および温度・応力計測の結果から，**写真-6.13**に示す鉄筋コンクリート構造物であるひび割れ防止試験体は，施工時の温度ひび割れを防止できたと推定される。

写真-6.13 試験体を収容した加圧水槽と周辺盛土の外観状況

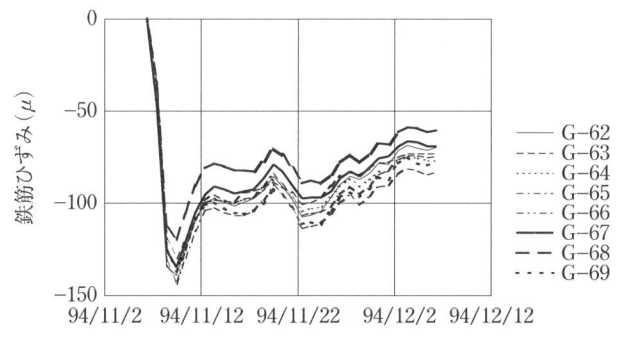

図-6.11 試験体側壁下段の円周方向鉄筋ひずみ

6.1.3 温度および温度応力の解析と温度ひび割れ指数の評価

(1) 概　要

ひび割れの原因となるコンクリートの体積変化は，温度（膨張）収縮・自己収縮および乾燥収縮により生じる。このうち，自己収縮の少ない低熱ポルトランドセメントを用いたことから自己収縮を，打込み初期に湿潤養生を行ったことから乾燥収縮を，応力解析の容易さからそれぞれ無視することにした。そこで，初期応力の解析方法としては，従来から用いられてきたセメントの水和反応熱に起因する温度上昇・温度降下に伴う膨張ひずみ・収縮ひずみの変化に対して，低減したヤング係数を乗じた増加応力を逐次累加する解析法を用いることにした。ここでは，高い精度を必要とする温度ひび割れの防止の評価手法として，この温度応力の解析法の妥当性を検証することにする。

図-6.12に挙げる温度および温度応力の解析条件のうち，材料試験や計測により得られないのは，温度解析における熱伝達率，および温度応力解析におけるヤング係数の低減係数の2条件である。

そこで，温度および温度応力のシミュレーションでは，材料試験・計測により得られたその他の情報を忠実に解析条件とし，温度および温度応力の計測データに高い精度で一致するように，熱伝達率とヤング係数の低減係数をおのおのパラメトリックスタディにより同定することを試みている。

(2) 温度および温度応力のシミュレーション手法

図-6.12に示す温度および温度応力解析のシミュレーションならびに温度ひび割れ指数評価の検討フローのうち，最初に，温度シミュレーションにより熱伝達率を同定して，躯体温度を求める。つぎに，温度の解析結果を用いた温度応力のシミュレーションによりヤング係数の低減係数を同定して，躯体応力を求める。温度応力の解析法を検証するには，躯体温度として実測温度を用いるのが望ましいが，解析範囲全体の温度情報を得ることは不可能なため，温度解析の結果を代用する。したがって，温度と温度応力のシミュレーションを関係づける接点である温度は，精度良く解析しなければならない。

温度解析手法は既往の検討実績から信頼性が高いため，試験や計測により得られる温度の解析条件を用いて，多数の異なる躯体温度の計測データと高い精度で一致させれば，その過程で用いた熱伝達率は同定されると考えられる。この温度

6.1 施工実験

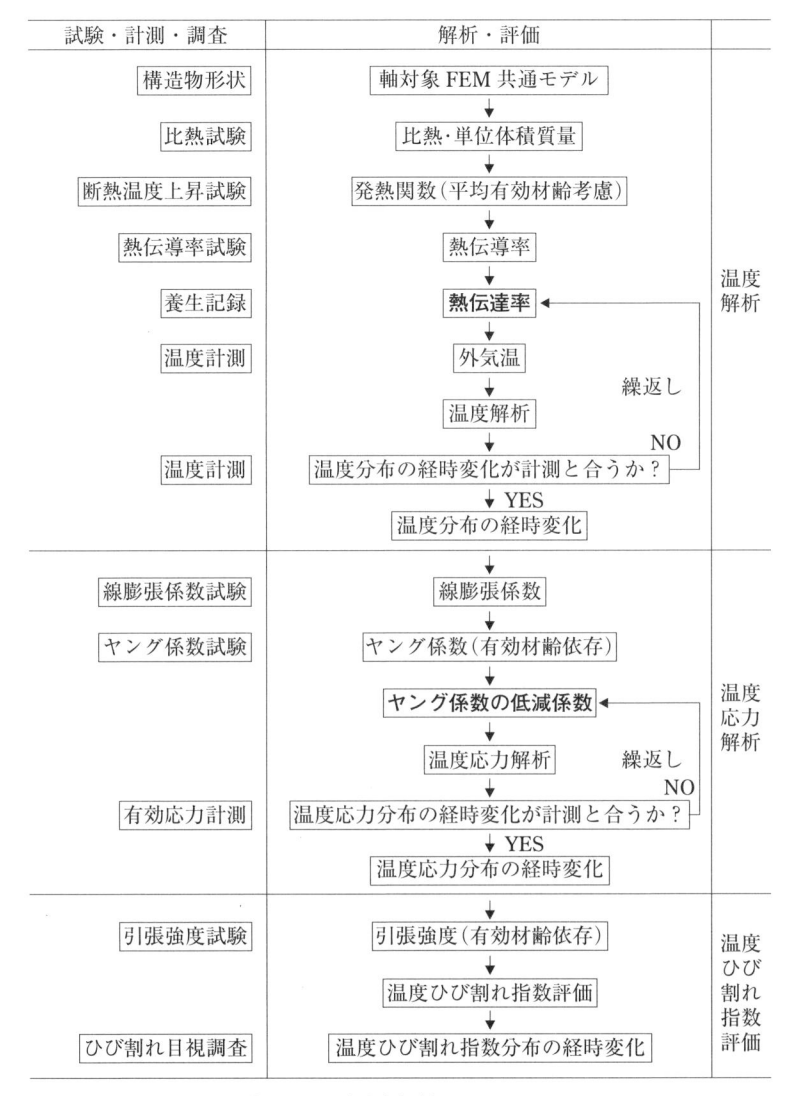

試験・計測・調査	解析・評価	
構造物形状	軸対象FEM共通モデル	温度解析
比熱試験	比熱・単位体積質量	
断熱温度上昇試験	発熱関数（平均有効材齢考慮）	
熱伝導率試験	熱伝導率	
養生記録	**熱伝達率** ← 繰返し	
温度計測	外気温	
	温度解析	
温度計測	温度分布の経時変化が計測と合うか？ NO	
	↓ YES 温度分布の経時変化	
線膨張係数試験	線膨張係数	温度応力解析
ヤング係数試験	ヤング係数（有効材齢依存）	
	ヤング係数の低減係数 ← 繰返し	
	温度応力解析	
有効応力計測	温度応力分布の経時変化が計測と合うか？ NO	
	↓ YES 温度応力分布の経時変化	
引張強度試験	引張強度（有効材齢依存）	温度ひび割れ指数評価
	温度ひび割れ指数評価	
ひび割れ目視調査	温度ひび割れ指数分布の経時変化	

図-6.12 温度および温度応力解析のシミュレーションフロー

シミュレーションは，加圧水槽ならびにひび割れ防止試験体の底版および側壁に対して，それぞれを代表する9点の位置に埋設した熱電対により，最長70日間の温度計測データについて行った。

第6章：ひび割れを防止した中空円筒形鉄筋コンクリート構造物の難透水性

同様に，応力解析においても，試験と計測により得られる応力の解析条件および精度の高い躯体の温度解析結果を用いて，多数の異なる躯体応力の計測データと高い精度で一致させれば，その過程で用いた温度応力解析手法とヤング係数の低減係数は同定されると考えられる。この温度応力のシミュレーションは，加圧水槽の側壁に2点，ひび割れ防止試験体の底版および側壁にそれぞれ3点を躯体中央部の円周方向に埋設した有効応力計により，最長70日間の応力計測データについて行った。

なお，解析モデルは周辺地盤まで含む温度・温度応力の解析で共通とし，前項までの検討によりひび割れ防止試験体の初期ひび割れは防止できたと推定されるため，軸対称モデルとする。ひび割れ防止試験体の解析モデルを図-6.13に示す。

(3) 温度のシミュレーション

a. マチュリティを考慮した発熱量の推定

断熱温度上昇の試験結果から算定した発熱量を材齢により入力した温度のシミュレーションでは，熱伝達率をパラメトリックスタディして表面部の温度を実測データに合わせても，部材中央部の温度が高くなり，精度の高いシミュレーションを行えないことが明らかになった。

断熱性の高い断熱温度上昇試験装置と比較して，一般の部材では放熱により低い温度履歴になり，水和反応は抑制される。そのため，断熱温度上昇試験の材齢で発熱量を評価すると，過大になると思われる。したがって，本来，温度解析に用いる発熱量は，岡村ほかの提唱する水和熱と熱伝導の非線形連成解析[4]を用いるのが合理的と思われるが，本検討においては，温度解析コードの制約から発熱量を材齢に依存して入力する必要があった。

コンクリートの断熱温度上昇試験の環境が理想的な断熱条件とすると，セメントの水和反応熱は損失が無く温度上昇に消費される。したがって，総発熱量とΣ$[(T+10)\varDelta t/30]$から得られる有効材齢の関係は，放熱ロスのある標準養生を行った供試体の強度と有効材齢の関係を比較して，さらに相関が強くなる。

そこで，コンクリートの総発熱量は有効材齢により概略の推定ができると思われ，本検討の温度シミュレーションに適用することにした。具体的には断熱温度上昇試験結果を，20℃の標準養生に相当する仮の発熱量にいったん置換し，各

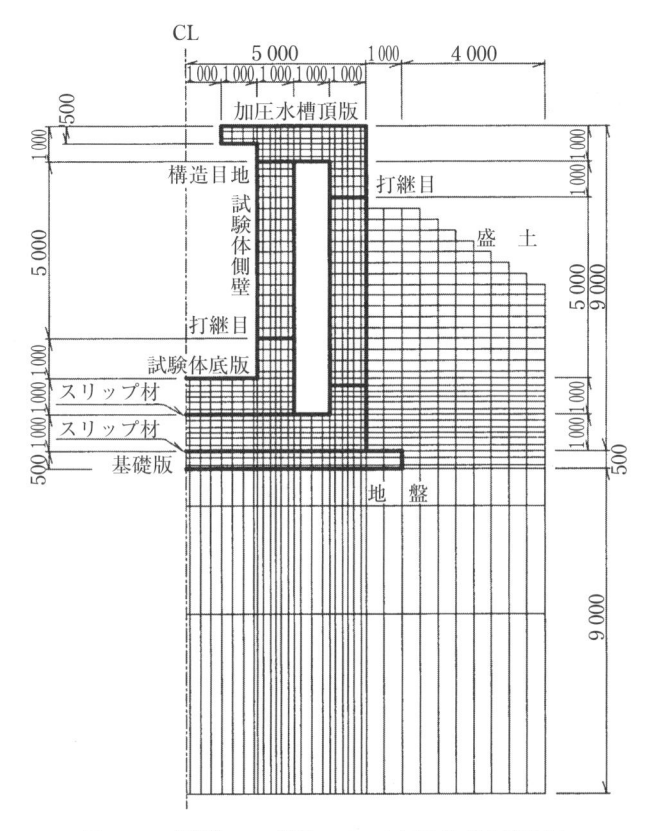

図-6.13 軸対称FEM解析モデル（ひび割れ防止試験体）

ロットごとの代表断面3点（断面中央と表面2点）の平均有効材齢を用いて，平均発熱量を推定する．

推定した発熱量から換算した代表断面の平均断熱温度上昇曲線を，**図-6.14**に示す．

材齢に依存する方法では，試験期間の10日程度しか発熱量を考慮できないが，この方法では，断面中央部の発熱量を過少評価し表面部を過大評価するものの，約1ヵ月間にわたる発熱量を考慮できるため実状に近いと考えられる．なお，熱物性は材料試験により定め，**表-6.8**に示す．

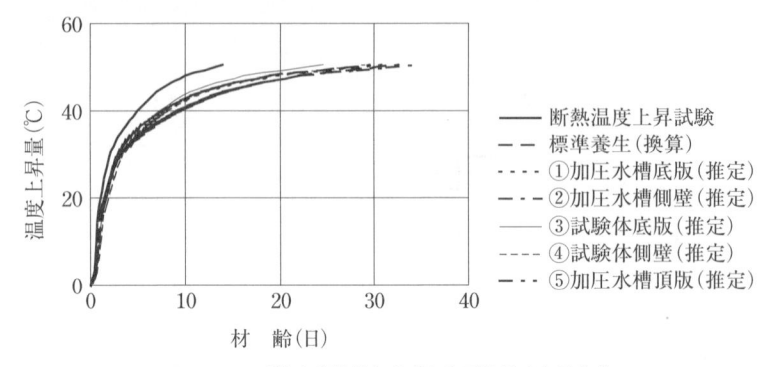

第6章：ひび割れを防止した中空円筒形鉄筋コンクリート構造物の難透水性

図-6.14 平均有効材齢を考慮した平均温度上昇曲線

表-6.8 温度シミュレーションに用いた熱物性

	加圧水槽		ひび割れ防止試験体		加圧水槽
	底版	側壁	底版	側壁	頂版
打込み材齢（日）	0	35	0	28	70
平均打込み温度（℃）	12.0	16.0	8.0	8.0	10.5
平均有効材齢を考慮した平均発熱量	図-6.14① (推定)	図-6.14② (推定)	図-6.14③ (推定)	図-6.14④ (推定)	図-6.14⑤ (推定)
単位体積質量 (kg/m³)	2 360（試験）				
比熱 (kJ/kg℃)	1.17（試験）				
熱伝導率 (W/m℃)	2.21（試験）				

b. 温度のシミュレーション結果

　加圧水槽およびひび割れ防止試験体の温度シミュレーションでは，試験と計測により得た温度解析条件を用い，最長70日間の実測温度に合うように熱伝達率をパラメトリックスタディした。その結果は図-6.10および図-6.15に示すように，シミュレーション温度は実測温度と近似している。このことにより，前項のマチュリティを考慮した発熱量の推定方法は，ほぼ妥当であることが示唆される。

c. 熱伝達率の同定

　施工で用いた鋼製型枠および養生材料の熱容量は躯体コンクリートの1％以下であり，ここでは等価な熱伝導性を有する熱伝達境界にモデル化し，この熱伝達率をシミュレーションにより同定することにした。その際，底版や側壁等の各部

6.1 施工実験

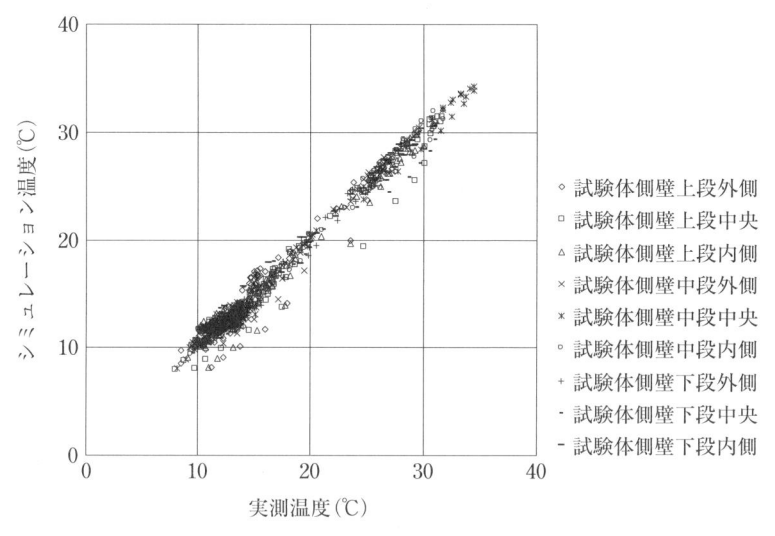

図-6.15 実測温度とシミュレーション温度の比較

材を代表する9点の温度の分布や履歴を忠実にシミュレーションするために，表面位置を上・中・下段の3分割，かつ養生を変更した2期間ないし3期間に細分化した。

加圧水槽およびひび割れ防止試験体の熱伝達率のシミュレーション結果を，**図-6.16**および**図-6.17**に示す。

温度シミュレーションによる熱伝達率の同定は困難であった。しかしながら，得られた熱伝達率は，両図に併記した打込みリフト内面の熱伝達率の標準値[3]と比較して，バラツキはあるものの平均的には大きな差異はなく，熱伝達率は同定されたと考えられる。

i）シート養生による断熱効果　ひび割れ防止試験体の表面熱伝達率は加圧水槽と比較して小さく，その中でも試験体内面の熱伝達率は外面よりさらに小さかった。この理由は，外気温・日射・雨・風等の気象変動の影響を緩和するため，ひび割れ防止試験体では**写真-6.14**，**写真-6.15**に示すように，シートで覆う断熱養生を実施した効果と考えられる。これにより，加圧水槽と比較してシート内の温度が上昇して放熱が減少し，結果的に外気温に対する熱伝達率が小さくなったと考えられる。**図-6.17**に示すように，ひび割れ防止試験体の外面と比較して，通気性の低い内面では，その効果が顕著に現れたと思われる。

第6章：ひび割れを防止した中空円筒形鉄筋コンクリート構造物の難透水性

材齢(日)	主な養生変化 (打込み部材内面の標準的な熱伝達率)
0	底版の打込み/シート養生
↓	(5.81W/m²℃)
3	湛水養生
↓	(8.14W/m²℃)
35	側壁の打込み

材齢(日)	主な養生変化 (打込み部材内面の標準的な熱伝達率)
0	側壁の打込み/シート型枠
↓	(6.98W/m²℃)
8	シート養生
↓	(11.6W/m²℃)
15	シート撤去
↓	(11.6W/m²℃)
26	解析終了

注) 単位は W/m²℃

図-6.16 加圧水槽の熱伝達率（シミュレーション）

材齢(日)	主な養生変化 (打込み部材内面の標準的な熱伝達率)
0	底版の打込み/シート+マット
↓	(3.49W/m²℃)
5	湛水養生
↓	(8.14W/m²℃)
14	湛水養生
↓	(8.14W/m²℃)
28	側壁の打込み

材齢(日)	主な養生変化 (打込み部材内面の標準的な熱伝達率)
0	側壁の打込み/シート型枠
↓	(3.49W/m²℃)
15	型枠撤去/シート撤去
↓	(11.6W/m²℃)
25	頂版型枠
↓	(8.14W/m²℃)
42	頂版の打込み

注) 単位は W/m²℃

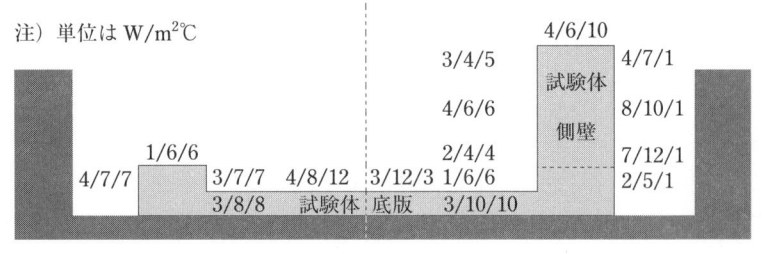

図-6.17 ひび割れ防止試験体の熱伝達率（シミュレーション）

このようにシートを用いた養生は，構造物の雰囲気温度を変えられ，結果的に放熱抑制の効果があることが認められた。このことは外気温に対する熱伝達率の推定が，養生材料に気象変動を考慮した既往の研究だけでは困難であることを示

唆しており，今後の検討課題である。

ii) 鉄筋による放熱効果

側壁の一般部と比較して打継目近傍の熱伝達率は，旧コンクリート側では小さいのに対し，新コンクリート側では大きい傾向にあり，加圧水槽ではとくに顕著であった。加圧水槽とひび割れ防止試験体の材料仕様で異なるのは打込み温度と鉄筋量であるが，打込み温度によりコンクリート自体の熱物性が変動したとは考えにくい。加圧水槽では透水試験の圧力が内圧として作用するため，平均鉄筋量は405 kg/m^{3}と多いのに対し，ひび割れ防止試験体では外圧として作用するため，ほぼ半分の203 kg/m^{3}であった。鉄筋の熱伝導率はコンクリートの25倍程度大きいため，鉄筋が配置されている面内方向の伝導熱は鉄筋量に応じて多くなる。また，加圧水槽の側壁上面は打継目であり重ね継手のための鉄筋が突出しているのに対して，ひび割れ防止試験体では構造目地であり鉄筋が露出していない。このため加圧水槽では，新コンクリートから打継ぎ用の鉄筋を媒体として大気中へ放熱するとともに，旧コンクリートへの伝導熱も多く，新コンクリートの打継目近傍は温度が低下したと考えられる。

したがって，鉄筋を無視して解析する場合には，見掛け上，新コンクリートの打継目近傍の熱伝達率を大きく，逆に，旧コンクリートでは鉄筋の伝導熱により温度上昇を促し，熱伝達率を小さくする必要がある。

鉄筋とコンクリートの熱特性から，簡易な並列モデルを用いて加圧水槽とひび

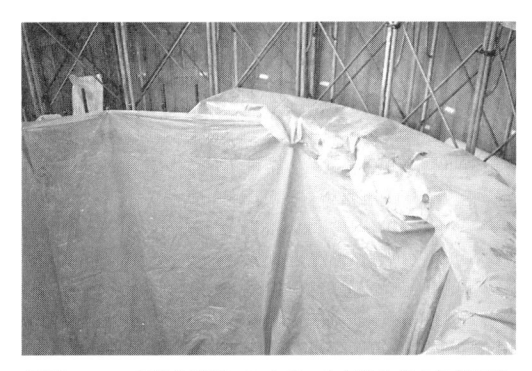

写真-6.14 試験体底版コンクリート打込み後の打継用鉄筋のシート養生状況

写真-6.15 試験体側壁コンクリート打込み後のシートによる全体養生状況

割れ防止試験体の平均的な熱特性を試算した結果を，表-6.9に示す．

熱伝達率は，突出した鉄筋を放熱体としたモデルの放熱量[5]から，鉄筋断面積当たりの熱伝達率にいったん換算し，打継ぎ面の鉄筋およびコンクリートの断面積平均とした．表-6.9から，熱伝導率および熱伝達率に対する鉄筋の及ぼす影響は大きいと考えられ，新旧打継目付近の重ね継手用鉄筋は，熱伝導を促進する放熱体として振る舞うと推定される．

表-6.9 鉄筋を考慮した平均熱特性の試算

	単体		鉄筋コンクリート構造物		加圧水槽試験体
	コンクリート	鉄筋	加圧水槽	ひび割れ防止試験体	
側壁片側縦筋 (側壁横筋比)	—	—	D38@200-2段 (1.14%)	D32@200 (0.32%)	—
鉄筋量 (kg/m³)	—	—	405	203	2.00
単位体積質量 (kg/m³)	2 360	7 850	2 640	2 500	1.06
比熱(W/m℃)	1.17	0.46	1.06	1.11	0.95
熱伝導率 (W/m℃)	2.21	54.6	面内：3.41 面外：2.21	2.55 2.21	1.34 1.0
熱伝達率 (W/m²℃)	例えば11.6 とすると	加圧水槽：256 試験体：291	打継面：17.2 側面：11.6	13.5 11.6	1.28 1.0

(3) 温度応力のシミュレーション

a. 力学的物性

コンクリートの力学的物性は材料試験等により定め，表-6.10に示す．

温度応力のシミュレーションに用いるヤング係数は，ヤング係数試験により求めた図-6.6に示す有効材齢との関係を用いた．なお，材齢1日未満のヤング係数は材料試験をしていないため，凝結終結時を初期値として有効材齢1日までを直線で補間した．

大型構造物内の実測応力を実測ひずみで除した有効ヤング係数とヤング係数の比は，ヤング係数を材料試験により得た既往の研究[6]では，材齢1日の0.77から漸減し7日で0.55にほぼ平衡するのに対し，ヤング係数をマチュリティにより求

表-6.10 温度応力シミュレーションに用いた力学的物性

	加圧水槽		ひび割れ防止試験体		加圧水槽
	底版	側壁	底版	側壁	頂版
有効材齢を考慮した ヤング係数	図-6.6① (試験)	図-6.6② (試験)	図-6.6③ (試験)	図-6.6④ (試験)	図-6.6⑤ (試験)
ヤング係数の低減係数	0.72(シミュレーション)		0.65(シミュレーション)		
ポアソン比	1/6				
線膨張係数(1/℃)	7.3×10^{-6}(試験)				

めた研究[7]では、材齢2日の0.5から漸増し5～7日で0.7と報告されている。このように、材齢約1週間の実測に基づくヤング係数の低下率は0.5～0.8の範囲に収まるが、材齢に対する増減傾向は定まっていない。また、既往の基準類を整理した文献[8]でも、材齢により漸減するものと材齢3～5日で増加するものとが報告されており、ヤング係数試験から得られる値に直接乗じる低減係数は、確立されていない。

そこで、今回用いた低熱ポルトランドセメントの自己収縮が小さいことから、当初、ヤング係数の低減係数を材齢によらず一定として、パラメトリックスタディにより同定することにした。また、底版下面のスリップ材の要素剛性は、**表-6.11**に示すように低減した。

b. 温度応力のシミュレーション結果

温度応力および温度ひび割れ指数の出力位置は、有効応力計の埋設位置に近い

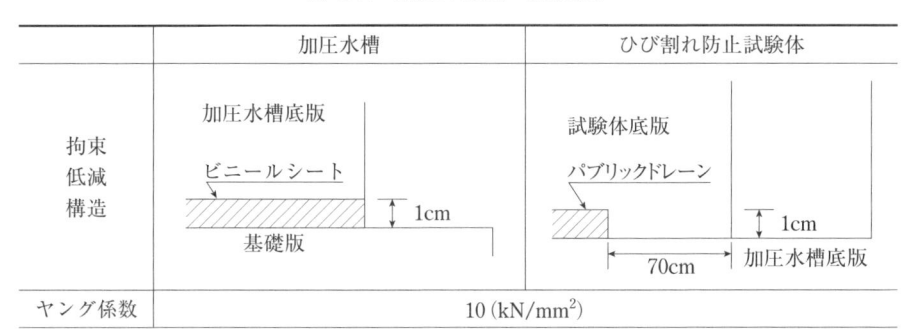

表-6.11 底版下面要素の剛性低減

	加圧水槽	ひび割れ防止試験体
拘束 低減 構造	加圧水槽底版／ビニールシート／基礎版／1cm	試験体底版／パブリックドレーン／加圧水槽底版／1cm／70cm
ヤング係数	$10 (kN/mm^2)$	

第6章：ひび割れを防止した中空円筒形鉄筋コンクリート構造物の難透水性

要素の積分点とした。

ⅰ）加圧水槽　側壁中段・下段の断面中央に設置した2測点の円周方向有効応力計の実測データにより，ヤング係数に対する低減係数をパラメトリックスタディし，温度応力をシミュレーションした。その結果，異なった履歴モードを示す有効応力計の計測応力に対し，シミュレーションで得た応力はそのモードおよび数値ともほぼ一致させることができた。

ⅱ）ひび割れ防止試験体　加圧水槽と同様に，ひび割れ防止試験体の断面中央の円周方向に設置した6測点の有効応力計の実測データを照合データとして，温度応力のシミュレーションを実施した。その結果，**図-6.10**に示すように，かなり異なった履歴モードを示す有効応力計の計測応力に対し，シミュレーションで得た応力は側壁の上段・中段の2測点を除き，そのモード，数値ともほぼ一致させることができた。

加圧水槽で有効性を確認した有効応力計（GK-100-505）は50 mm × 50 mm × 500 mmと大きいセンサーを用いたが，ひび割れ防止試験体では，後で行う透水試験に悪影響を与えないように，20 mm × 20 mm × 200 mmと小型の有効応力計（GK-60-202）を用いた。有効応力計の設置は，コンクリートに埋まる直前に，センサー内にコンクリートの大きな粗骨材を取り除き充填することから，側壁の上段・中段の2測点ではセンサーの埋設時に不具合が生じたと考えられる。このように推定した理由は，**図-6.18**に示すように，他の有効応力計で計測した実測応力とシミュレーション応力を比較すると，同様な位置の加圧水槽の側壁中段の有効応力計を含め相関性が高いのに対し，ひび割れ防止試験体側壁の上段・中段の値は明らかに相関性が無いためである。また，データ分布のばらつきは計測当初からであるとともに，規則的な分布でないことから，初期値等のデータ変換上の問題ではないと推定される。

加圧水槽およびひび割れ防止試験体における合計8測点の計測およびシミュレーションの応力を比較すると，**図-6.18**に示すように，6測点のうち，加圧水槽のバラツキが少し大きいものの，全体としてかなり良い相関を示した。

したがって，低熱ポルトランドセメントを用い湿潤養生した外部拘束の少ないひび割れ防止試験体の初期応力は，温度応力の解析によりほぼシミュレーションできたことから，温度応力に支配されているといえ，自己収縮および乾燥収縮を

6.1 施工実験

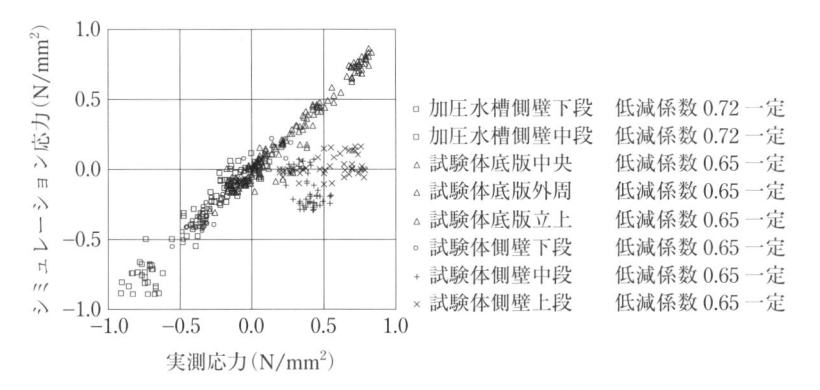

```
□ 加圧水槽側壁下段    低減係数 0.72 一定
■ 加圧水槽側壁中段    低減係数 0.72 一定
△ 試験体底版中央     低減係数 0.65 一定
▲ 試験体底版外周     低減係数 0.65 一定
▽ 試験体底版立上     低減係数 0.65 一定
○ 試験体側壁下段     低減係数 0.65 一定
＋ 試験体側壁中段     低減係数 0.65 一定
× 試験体側壁上段     低減係数 0.65 一定
```

図-6.18 実測応力とシミュレーション応力の比較（ヤング係数の低減係数：一定）

無視しても，実用上とくに問題はないと考えられる．また，シミュレーションに用いた温度応力の解析手法および解析条件は，妥当であったといえる．当然のことながら温度応力の解析精度は，文字どおり温度の解析精度に左右されることから，**図-6.18**に示すように，温度応力解析を高い精度で実施するためには，温度解析を高い精度で実施しておく必要がある．

c. ヤング係数の低減係数の同定

温度応力のシミュレーションでは，材料試験と計測により得られる応力解析条件を用い，70日間の実測応力に合うように，ヤング係数の低減係数をパラメトリックスタディした．その結果得られたシミュレーション応力は実測応力と良い相関を示しており，この過程で得たヤング係数の低減係数は同定されたと考えられる．温度応力のシミュレーションにより同定されたヤング係数の低減係数は，**表-6.10**に併記したように加圧水槽で0.72，ひび割れ防止試験体で0.65となり，材齢にかかわらず一定であり，両者には大差がなかった．

同定したヤング係数の低減係数は材齢によらず一定としたが，材齢により変更した解析の一例として，材齢3日まで0.73，材齢5日以降で1.0とし，その間を直線で補間する基準[3]を用い温度応力解析した結果を，**図-6.19**に示す．

その結果，ヤング係数の低減係数を変更した解析応力のうち，0.73とした材齢5日までは実測応力とほぼ対応しているが，1.0とした材齢5日以降の相関性は低下した．材齢3から5日にかけてヤング係数の低減係数は増加するとした既往の

99

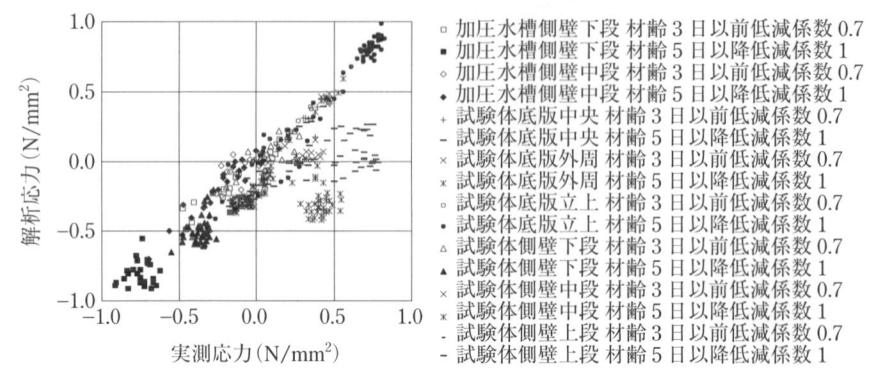

第6章：ひび割れを防止した中空円筒形鉄筋コンクリート構造物の難透水性

図−6.19 実測応力と解析応力の比較（ヤング係数の低減係数：土木学会施工編）

基準[3]によると，打込み直後の最高温度に達するおよそ3日までの温度上昇時には，コンクリートの高温特性によりクリープは大きいとしている。また，最高温度に到達後の温度降下時には，材齢が進行することによりクリープは小さいとしている。しかし，一般的に構造物には昇温時に膨張して圧縮応力が，降温時には収縮して引張応力が生じるため，前述したクリープの大小の差を減じると考えられる。また，材齢7日程度の若材齢時において残留した温度応力に対するクリープは漸減するものの持続すると考えられ，ヤング係数の低減係数を1.0にすることは，これらのクリープを無視することになり過大と思われる。

本検討で用いたヤング係数の低減係数を考慮した増加応力を逐次累加する温度応力の解析では，材齢にかかわらず一定のヤング係数の低減係数により，有効応力計で計測したコンクリートの応力を忠実にシミュレーションできたが，今後，この数値の物理的根拠について検討することが課題として残されている。

（4） 温度ひび割れ指数の評価

a. 強度特性

温度ひび割れ指数の評価に用いるコンクリートの引張強度は，図−6.7に示す有効材齢との関係を用い，強度特性として表−6.12に示す。なお，材齢1日未満の引張強度試験を行っていないことから，凝結の終結時を初期値として有効材齢1日までを直線で補間した。

6.1 施工実験

表-6.12 温度ひび割れ指数の評価に用いた引張強度特性

	加圧水槽		ひび割れ防止試験体		加圧水槽
	底版	側壁	底版	側壁	頂版
有効材齢を考慮した引張強度	図-6.7 ①（試験）	図-6.7 ②（試験）	図-6.7 ③（試験）	図-6.7 ④（試験）	図-6.7 ⑤（試験）

b. 温度ひび割れ指数の評価

温度シミュレーションにより算出した有効材齢から推定した引張強度を，温度応力のシミュレーションにより得られた温度応力で除して，温度ひび割れに対する安全率に相当する温度ひび割れ指数を算出する。

i) 加圧水槽　加圧水槽の底版の立上部上側および下部外側は，放熱により断面中央部ほど温度上昇しないため，下段外側の温度ひび割れ指数は材齢3日後に2.0まで低下した。また，温度ひび割れが確認された側壁上端角部の温度ひび割れ指数は，材齢2日には1.5と小さかったことが解析により裏付けられた。

ii) ひび割れ防止試験体　ひび割れ防止試験体の底版の打込み後3，7日目，側壁の打込み後3，14日目の温度および温度ひび割れ指数の断面分布を，図-6.20から図-6.22に示す。

底版表面の温度ひび割れ指数は，材齢3日に外面鉛直方向，および材齢7日に立上部上側の円周方向で3.4となった。これは底版の平均温度上昇量と比較して，立上部の温度上昇量が少ないためであり，この温度差は中央部の温度降下に伴い解消した。

側壁の打込み直後の内部温度上昇に追随できない表面の鉛直方向において，温度ひび割れ指数は材齢3日に2.2となった。側壁の上段外面の円周方向には，打込み初期の部材内温度差により引張応力が生じ，温度ひび割れ指数は上端において材齢3日に2.3まで低下したが，側壁の脱型後に実施したひび割れ防止試験体の目視調査では，前述のとおりひび割れは観察されなかった。一方，温度降下時に発生する側壁下段の断面中央における円周方向の温度ひび割れ指数は，材齢14日で最大4.6におさまり，加圧水槽の材齢7日の2.1と比較してかなり改善した。

iii) 温度応力解析の適用範囲　今回用いた温度応力の解析方法は，弾性応力解析による逐次累加方法であり，温度ひび割れの発生を考慮していない。した

がって，厳密には温度ひび割れが発生した時点で解析の対象外となり，それ以降の解析精度が低下することも考えられたため，温度ひび割れが発生した後の解析精度に注目した。解析の対象とした加圧水槽およびひび割れ防止試験体のうち，加圧水槽の断面中央部において温度ひび割れ指数は2.1となったが，温度ひび割れは発生しなかった。また，加圧水槽の表面において1.1まで低下したが，微細な表面ひび割れしか発生しなかったこともあり，とくに解析精度は低下しなかった。

したがって，本検討で確認された解析精度の高い温度応力の解析が行えた温度ひび割れ指数の最小値は，温度ひび割れの制御に有効な鉄筋の多い表面部において1程度，配筋されていない中央部において2程度であった。

6.1.4 施工実験のまとめ

外径が6.0 m，壁厚さが1.0 m，高さが7.0 mの中空円筒形鉄筋コンクリート構造のひび割れ防止試験体に，種々の温度ひび割れの制御対策を適用して，施工時の温度ひび割れを防止することを試みている。

使用したコンクリートは，低熱ポルトランドセメントを400 kg/m^{3}用いてW/Cを41.3％とし，8℃にプレクーリングして打ち込んだ。また，底版と側壁の水平打継目は温度応力の少ない底版上1.0mに設け，約1ヵ月の間隔を置いての打込み後，計測管理を行いながら断熱湿潤養生

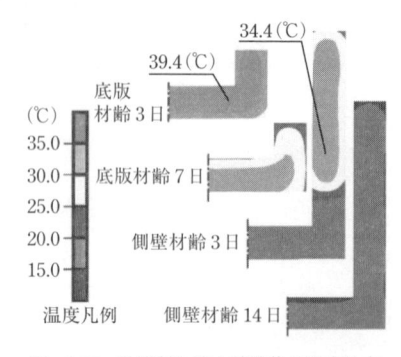

図-6.20 ひび割れ防止試験体の温度分布（本書カバー袖にカラー表示）

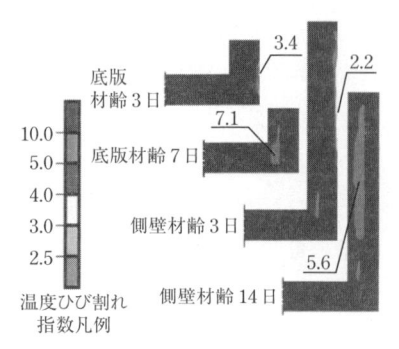

図-6.21 ひび割れ防止試験体鉛直方向の温度ひび割れ指数分布（本書カバー袖にカラー表示）

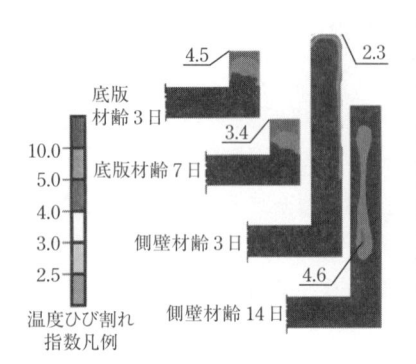

図-6.22 ひび割れ防止試験体円周方向の温度ひび割れ指数分布（本書カバー袖にカラー表示）

を実施した。その結果，脱型後のひび割れ調査，湛水による漏水調査および鉄筋ひずみ計測により，ひび割れ防止試験体の温度ひび割れが防止できたことを確認した。

つぎに，このひび割れ防止試験体の作製過程で得た最長70日間の計測データを基に，温度および温度応力のシミュレーション解析を行った。熱伝達率およびヤング係数の低減係数の解析条件をパラメトリックスタディにより同定した結果，温度および温度応力の解析によりひび割れ防止試験体の計測温度および応力をほぼ再現できることを明らかにした。また，精度の高い事前解析を行うには，温度のシミュレーションの過程で，気象，養生，配筋等の影響を受ける熱伝達率等の放熱条件の設定に課題があることが明らかとなった。

以下に，鉄筋コンクリート構造のひび割れ防止試験体の作製およびシミュレーションにより得られた知見をまとめる。

① 低熱ポルトランドセメント等の温度ひび割れの制御対策を併用して，大型の中空円筒形鉄筋コンクリート構造のひび割れ防止試験体を作製し，施工時の温度ひび割れを防止した。

② 熱電対と有効応力計で最長70日間にわたり測定した温度および温度応力を照合データとして，材料試験と計測により得られなかった熱伝達率およびヤング係数の低減係数をパラメトリックスタディした結果，温度および温度応力ともにほぼシミュレーションできた。

③ したがって，小規模のマスコンクリート実構造物においても，以下の条件を満足して温度分布および温度履歴を精度よく推定すれば，温度応力の解析により施工時の初期応力をほぼシミュレートできると思われる。
- 構造物の支持および拘束条件が明らかなこと
- 低熱ポルトランドセメントのように打込み後の材齢初期に自己収縮の少ないセメントを使用すること
- 温度ひび割れ指数は，断面中央部において2程度，表面において1程度以上あること

④ 従来の温度および温度応力の解析では，温度と比較して温度応力の解析精度は低いとされてきたが，今回行った温度シミュレーションでの熱伝達率の同定は困難であったのに対し，温度応力シミュレーションでのヤング係数の

第6章：ひび割れを防止した中空円筒形鉄筋コンクリート構造物の難透水性

低減係数の同定は容易であった。
⑤ ヤング係数の低減係数はコンクリートの材料物性であり，今後の研究により解明されると考えられる。これに対し，熱伝達率はコンクリート表面の放熱特性であり，外気温とともに不確定な気象に加えて，養生や配筋の影響も受けるため，総合的な検討が必要である。

6.2 透水性状

6.2.1 透水試験中に生じたひび割れ
（1） 加圧水槽頂版のマンホール周りのひび割れ

ひび割れ防止試験体の外側に設置した加圧水槽の頂版には，**写真-6.13**に示したように，湛水部へ出入りするマンホールを4箇所設けた。これらのマンホールのすべてにおいて，透水試験の開始初年度の夏期に，**写真-6.16**に示すように，頂版内側方向にひび割れが発生し漏水した。外気温の変動の影響を受けない加圧水槽の側壁とひび割れ防止試験体にはひび割れが発生しなかったことから，発生原因は，マンホール部頂版の断面欠損および外気温の変動による上面と下面の温度差と考えられた。このため，温度緩和対策としては**写真-6.17**に示すように，頂版上に保温材を敷き，夏期には日除けで覆い散水した。なお加圧水槽は本透水試験の対象でないことから，ひび割れにはエポキシ樹脂を注入し，透水試験を継続した。

この後，ひび割れからの漏水量はいったん減少したものの，毎年夏期には水が滲んだ。このことは，引張応力場において貫通したひび割れに繰返し同様な荷重が作用すると，エポキシ樹脂の注入やセメント水和物の析出だけでは短期間に止水しにくいことを意味しており，貫通ひび割れを避けることの重要性を

写真-6.16 加圧水槽頂版を内面からマンホール方向を見たひび割れと漏水状況

(2) ひび割れ防止試験体の側壁内面のひび割れ

透水試験の開始から4年（ひび割れ防止試験体の施工から5.5年）が経過し，側壁内面にひび割れが発見された。側壁内面は透水試験用の観測窓で覆われており，目視できた側壁下部のひび割れを図-6.23に示す。

写真-6.17 加圧水槽頂版上面の温度上昇緩和対策の実施状況

ひび割れは，水平打継目より上方の側壁に密な間隔で発生した。観測窓の一部を取り外して目視調査すると，ひび割れ幅は平均0.12 mm程度であり，水平打継目も表面剥離していたが，漏水はしていなかった。以上のことから，これらのひび割れは非貫通と推定される。その後，外的荷重が変動しないにもかかわらず，ひび割れが経時的に漸増したことから，ひび割れの発生原因の1つは，透水試験中における側壁の内側の乾燥収縮や外側の吸水膨潤等の内的荷重によると推測した。

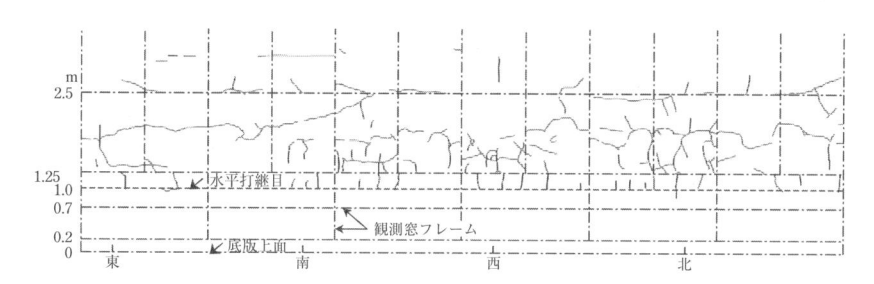

図-6.23 ひび割れ防止試験体の側壁下部内面（内径4.0 m）におけるひび割れ分布の展開

6.2.2 コンクリート単体の透水係数

ひび割れ防止試験体の施工時に作製した直径が150 mmで高さが150 mmの20℃の水中で標準養生した円柱形供試体を用い，インプット法の透水試験を行った。加圧注水は1.0 MPaで48時間とし，浸透深さ法による透水試験結果を表-6.13に

示す。

表-6.13 コンクリート単体の透水試験結果

材齢（日）	浸透深さ (cm)	拡散係数 β^2 (cm^2/s)	透水係数 k (m/s)
29	2.35	10.5×10^{-4}	10.5×10^{-14}
85	1.99	7.5×10^{-4}	7.5×10^{-14}
182	2.23	9.5×10^{-4}	9.5×10^{-14}
365	1.50	4.3×10^{-4}	4.3×10^{-14}
730	0.86	1.4×10^{-4}	1.4×10^{-14}

注）β^2(cm^2/s)からk(m/s)への換算は10^{-10}倍[9]とした

6.2.3 中空円筒形鉄筋コンクリート構造のひび割れ防止試験体における長期透水性状

（1）インプット量とアウトプット量の測定方法

a. 加圧注水量の測定

加圧注水試験では，加圧側の注水量を正確に測定するために，ひび割れ防止試験体と加圧水槽間の湛水部内空積の変動要因である試験温度と試験圧力を一定に保つ必要がある[10]。図-6.24に示すように，試験温度を一定に保つため，ひび割れ防止試験体の外側に設置した加圧水槽の躯体内には埋設配管を配置して恒温水を循環するとともに，周囲を盛土で覆った。また，写真-6.18に示すように，加圧水槽頂版上に設けた空調設備により，試験体の内部空間の温度と湿度を調節した。試験圧力は，加圧水槽には内圧として作用するために，引張応力が引張強度の1/3以下となるように，制圧弁で高圧空気を0.25 MPaの一定圧に減圧した。

b. 透水量の測定

本試験では，ひび割れ防止試験体を一般部や打継目部等の透水経路別に分けて透水量を測定するために，浸出側に湛水し水位の測定する飽和透水試験は，実現不可能であった。また，大型試験体の広い壁面からわずかな浸出水を漏れなく集水することも困難なことから，浸出水を水蒸気とし収集するベンチレーション法を検討することにした。ベンチレーション法は，岩盤空洞壁面に浸出した水量を測定する手段として，浸出水をいったん空洞内に蒸発させ，外部の低湿度の空気と換気する際の送気・排気の水蒸気量の差を測定する方法である[11]。

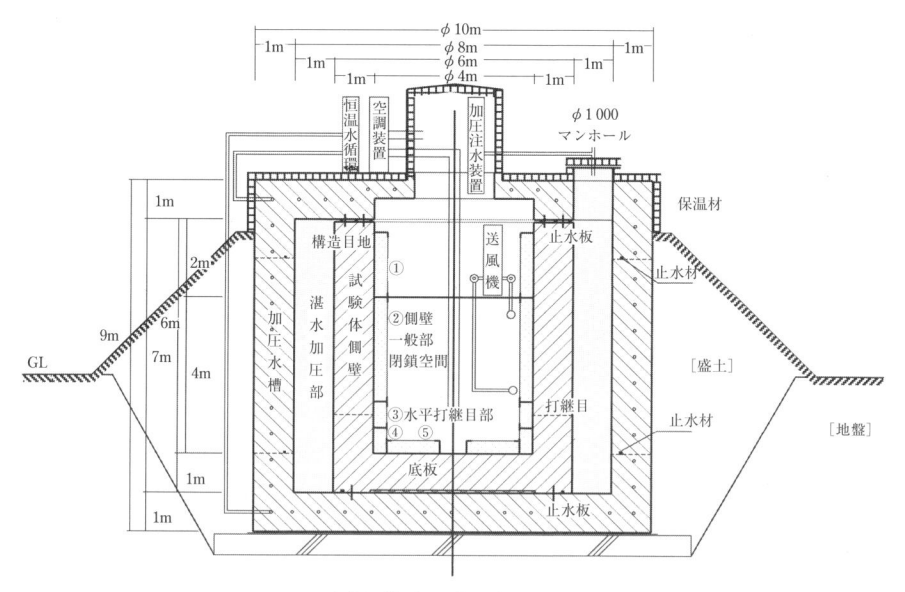

図-6.24 中空円筒形RC構造物の透水試験の概要

i) 湿潤ベンチレーション法

ベンチレーション法により測定される浸出水量を飽和透水量に近づけるためには，浸出面は可能な限り湿潤にすることが必要である。そこで，ベンチレーション法の換気を断続的に行うことにより，浸出水により浸出面を湿潤状態に維持することを試みた。以降は，この方法を湿潤ベンチレーション法と称する。

写真-6.18 加圧水槽頂版上の内部環境維持装置の設置状況

図-6.25および写真-6.19に示すように，浸出面を観測窓で覆い，ひび割れ防止試験体から浸出した水蒸気により閉鎖空間を高湿度にする循環運転と，飽和した閉鎖空間を送気・排気の水蒸気量の差により測定する換気運転を，交互に繰り返す。なお，湿潤ベンチレーション法の妥当性は，4章に示した小型試験体を用い

第6章：ひび割れを防止した中空円筒形鉄筋コンクリート構造物の難透水性

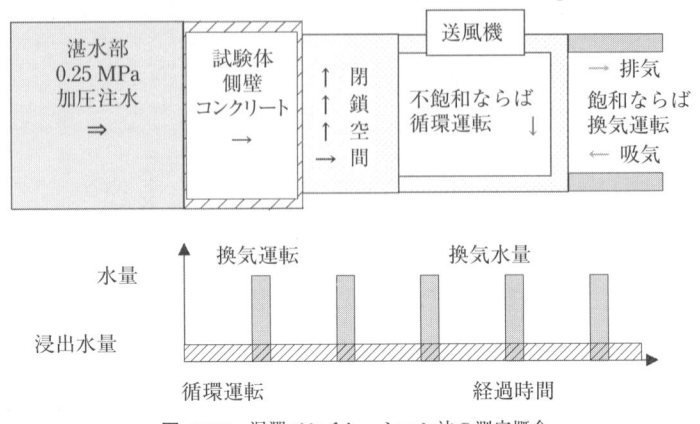

図-6.25 湿潤ベンチレーション法の測定概念

た透水試験[12)]により確かめた。

ⅱ) 蒸発量の測定法

浸出側に湛水しないで壁面からの浸出量を測定する方法の1つとして、蒸発量の測定方法が提案されている[12)]。この方法は、壁面から水蒸気が浸出すると、絶対湿度勾配($\Delta D/\Delta H$)が生じることを利用している。つまり、図-6.26および写真-6.20に示す

写真-6.19 湿潤ベンチレーション法による試験体側壁内面の測定状況

ように、壁面から1cm以内の離れた2点に温度計と湿度計をおのおの設置し、壁面近傍の絶対湿度勾配を測定することにより、壁面から気化する水蒸気量を推定する方法である。

(2) 透水試験の結果

大型の中空円筒形鉄筋コンクリート構造物の5年間の透水実験結果を、図-6.27に示す。

a. 注水量の測定

湛水への注水量は、初期の 10 cm^3/min オーダから2年後には1 cm^3/min オーダまで漸減し、その後はほぼ一定の値が測定された。透水実験5年間の総注水量は

6.2 透水性状

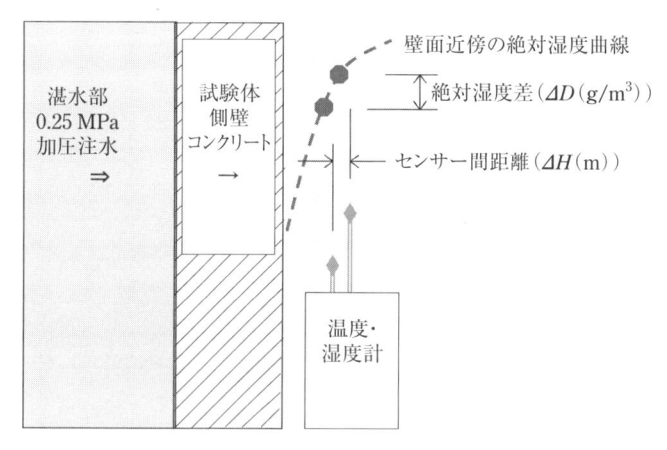

図-6.26 蒸発量測定法の測定概念

$3.2\,\mathrm{m}^3$であった。この値は，加圧水槽の頂版マンホール周りのひび割れ等からの漏水も含み，コンクリート一般部への注水量はそれより少ない。

b. 透水量の測定

写真-6.21に示すように，側壁内面を観測窓によりコンクリート一般部や水平打継目部に分けて，閉鎖空間を設置した。外部環境温度が$8\,°\mathrm{C}$での飽和絶対湿度は$15.3\,\mathrm{g/m}^3$で，相対湿度が$70\,\%\mathrm{RH}$では$10.7\,\mathrm{g/m}^3$に相当するが，閉鎖空間内部の絶対湿度の上昇は，水平打継目部を含め5年間にわたり測定されなかった。また，ひび割れ防止試験体側壁からの蒸発量を数十箇所測定したが，壁面近傍の絶対湿度勾配は水平打継目部を含め測定されなかった。

写真-6.20 壁面からの蒸発量測定装置による試験体内面の測定状況

以上の湿潤ベンチレーション法と蒸発量測定法による透水量の測定からは，厚さが$1.0\,\mathrm{m}$のひび割れ防止試験体の側壁コンクリートは，いずれの部分においても水分を透過していないと推定した。

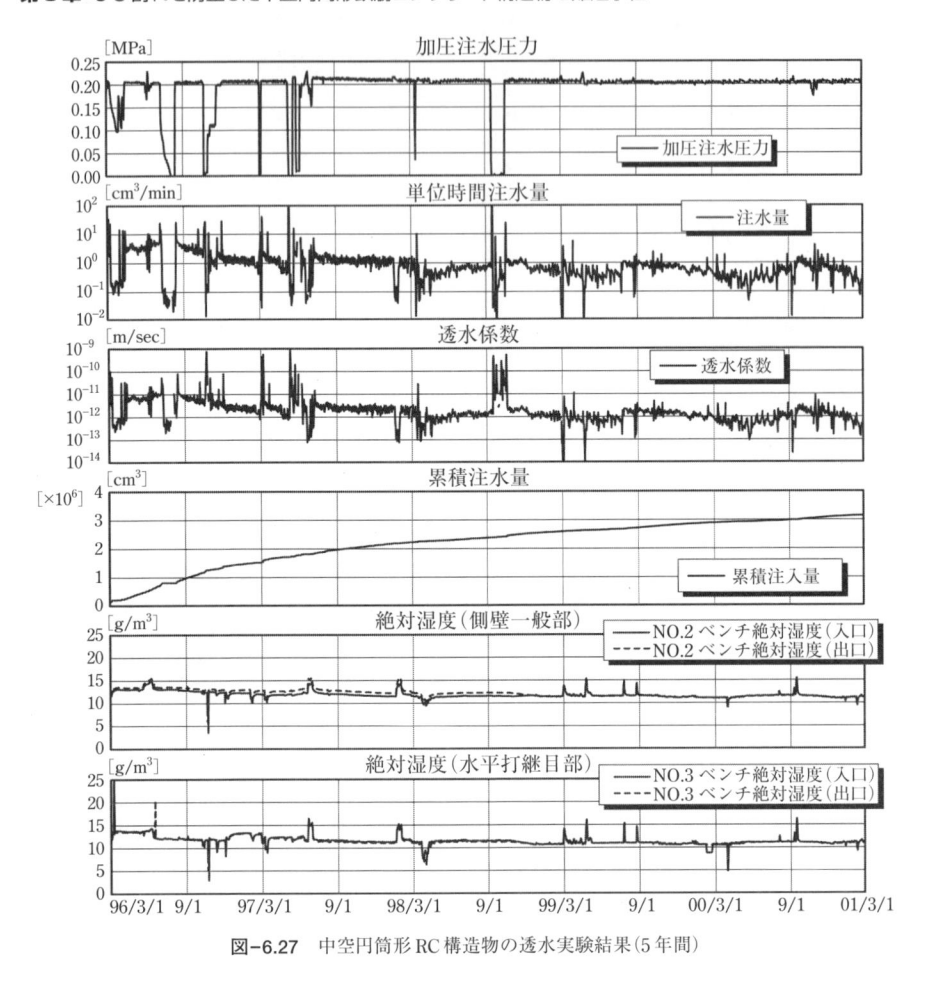

第6章：ひび割れを防止した中空円筒形鉄筋コンクリート構造物の難透水性

図-6.27 中空円筒形RC構造物の透水実験結果(5年間)

水分が透過しない理由の1つとして，5年間の総注水量がひび割れ防止試験体と加圧水槽の総コンクリート量 477 m³ の 0.67％にすぎないことが挙げられる。すなわち，例え全水量がコンクリート一般部に注水しても，内部空隙に保水された可能性が考えられるのである [13]。

c. 側壁コンクリートにおける含水率分布の調査

側壁内の含水率分布を明らかにするため，透水試験中に，側壁内側から直径が5 cm で深さ 80 cm まで削孔したコンクリート試料を厚さが 5 cm に小割し，測定

した含水率の結果を図-6.28に示す。ここでは，試料採取後の脱気浸水の前後における試料質量の差を脱気浸水量（有効空隙量），引き続き行った絶乾状態にさせる前後の質量の差を有効間隙量，試料採取から絶乾状態の質量の差を有効含水量とした。

測定の結果，側壁の内面から80 cmの削孔コンクリートには，浸透水を保水できる空隙が存在することから，側壁を水分が透過しない測定と一致するものである。したがって，透水実験において浸潤線は未削孔の側壁外面から20 cmまでにあると考えられた。

写真-6.21 試験体内部空間を上から見た測定装置，配管およびらせん階段の設置状況

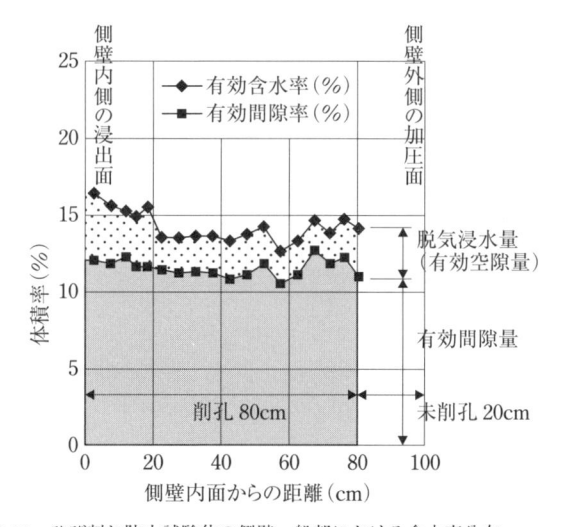

図-6.28 ひび割れ防止試験体の側壁一般部における含水率分布

(3) 加圧注水法による透水係数の評価

加圧注水法は，透水試験において定常透水量が得られない場合，それより大きいと見なされる初期注水量により，平均透水係数を評価する方法である[10]。ここでは，ひび割れ防止試験体と加圧水槽の全体を均質な中空円筒形鉄筋コンクリー

第6章：ひび割れを防止した中空円筒形鉄筋コンクリート構造物の難透水性

ト構造物と仮定し，初期平均透水係数を式(6.1)により評価すると，図-6.27に示すように，$10^{-11} \sim 10^{-12}$ m/sオーダ以下の平均透水係数と推定される．

$$k = \frac{q}{A \cdot i} = \frac{L \cdot q}{A \cdot H} = \frac{1.0 \times q}{399 \times H} \tag{6.1}$$

ここに，k：鉄筋コンクリート構造物の平均透水係数(m/s)
   q：加圧注水量(m^3/s)
   A：透水面積(m^2)で形状が複雑な場合，FEM定常解析でL/Aを算定
   L：透水長で，躯体厚さの1.0(m)
   H：平均水頭(m)

6.2.4　透水試験のまとめ－難透水性の確認－

温度ひび割れの防止を目標としたひび割れ防止試験体を施工し，目視観察や応力計測により，施工時の温度ひび割れは防止できたことを確認している．さらに，ひび割れ防止試験体の側壁の一般部や打継目部別に透水性を評価するために，浸出水を水蒸気として測定する湿潤ベンチレーション法による透水試験を行っている．

得られた知見を以下にまとめる．

① 水セメント比が41.3％で厚さが1.0 mの中空円筒形ひび割れ防止試験体に0.25 MPaで5.5年間にわたり加圧注水したが，一般部だけでなく水平打継目でさえも，水分の透過は測定されなかった．

② 側壁の浸出側の表面において絶対湿度勾配が生じなかったこと，さらに側壁の浸出側から0.8 mまでのコンクリートはコアボーリング試料により未飽和なことから，厚さが1.0 mの側壁コンクリートは水分が透過していないことを確認した．

③ 水分が透過しない理由の一つとして，5年間の総注水量が総コンクリート量の0.67％と少なく，すべての水量がコンクリートに浸透しても，内部空隙に保水された可能性が考えられる．

④ 初期注水量は定常透水量より大きいと見なす加圧注水法により，貫通したひび割れなどの止水欠陥のない中空円筒形鉄筋コンクリート構造物の初期平均透水係数は，$10^{-11} \sim 10^{-12}$ m/sオーダ以下と推定し，難透水性のコンクリー

ト構造物であることを確認した。

● 参考文献

1) 土木学会原子力土木委員会, 原子力発電所屋外重要土木構造物の耐震設計に関する安全性照査マニュアル, pp.Ⅰ-132～136(1992.9)
2) 日本コンクリート工学協会, 超流動コンクリート研究委員会報告書(Ⅱ)(1994.5)
3) 土木学会, コンクリート標準示方書〔平成3年版〕施工編, pp.135～140(1991.9)
4) 岡村 甫, 前川宏一, 小澤一雅:ハイパフォーマンスコンクリート, 技報堂出版, pp.140～149(1994.5)
5) 日本冷凍協会, 冷凍空調便覧, pp.179～180(1981)
6) 中内博司, 吉川弘道, 庄野 昭:マスコンクリートの温度応力解析, 間組研究年報, pp.159～179(1980.8)
7) 田辺忠顕, 原口 晃, 石川雅美:マスコンクリートの温度応力問題における岩盤あるいは旧コンクリートの外部拘束効果, マスコンクリートの温度応力発生メカニズムに関するコロキウム論文集, 日本コンクリート工学協会, pp.83～90(1982.9)
8) 土木学会, コンクリートライブラリー70 コンクリート標準示方書(平成3年版)改訂資料およびコンクリート技術の今後の動向, pp.236～241(1991.9)
9) 岩崎訓明:コンクリートの特性, コンクリートセミナー1, 共立出版, pp.140～142(1979.10)
10) 小西一寛, 辻 幸和, 伊藤 洋, 藤原 愛:中空円筒形鉄筋コンクリート構造物を対象とする加圧注水型透水試験方法の提案, 土木学会論文集, Ⅵ-43, No.623, pp.163～176(1999.6)
11) 須藤 賢, 丹生屋純夫, 小西一寛, 藤原 愛, 渡辺邦夫:湿潤性を配慮したベンチレーション試験法による透水性評価について, 地盤工学研究発表会論文集, Vol.31, No.2, pp.2089～2090(1996.7)
12) 渡辺邦夫, 藍沢稔幸, 小野 誠, 柳沢孝一, 佐久間秀樹, 山本 肇, 神田信之:蒸発量計測によるトンネル壁面からの湧水量の測定(その1), 応用地質, Vol.30, No.4, pp.11～18(1989.4)
13) 小西一寛, 中畑昭彦, 山本修一, 辻 幸和:コンクリートの長期飽和透水性状, コンクリート工学年次論文集, Vol.22, No.2, pp.805～810(2000.6)

第7章 中空円筒形鉄筋コンクリート構造物における温度ひび割れ指数と平均透水係数の関係

　打継目がない健全なコンクリートの小型試験体の透水係数は，初期注水量により 4.2×10^{-13} m/s と評価された。なお，小型試験体は作製直後から水中養生しており，試験体の水の飽和度は高くかつ高圧力で注水したが，長期における透水量は初期注水量の1/4倍になった。

　温度ひび割れが発生した大型試験体の初期注水量により評価した透水係数は，ひび割れ誘発試験体が 4.3×10^{-10} m/s で，ひび割れ制御試験体が 4.5×10^{-11} m/s であった。なお，ひび割れ誘発試験体の初期透水量は注水量の1/5倍であったが，注水量には測定外の漏水と測定不能な健全部からの透水も含まれていた。

　貫通ひび割れが発生しなかった加圧水槽とひび割れ防止試験体の透水試験では，5年以上にわたり継続しても水分が透過しなかったが，加圧注水法により評価した透水係数は 2.0×10^{-12} m/s であった。このように，透水試験において定常透水量が得られない場合には，次善の方法として初期注水量をダルシー則に代入し，大きめの平均透水係数を評価する加圧注水法が，鉄筋コンクリート構造物全体の平均透水係数の評価に有効であると言える。

　ここまで5体の中空円筒形鉄筋コンクリート構造物を構築し，加圧注水法により平均的な初期透水係数を評価した結果を，表-7.1 に示す。貫通ひび割れの生じた試験体の透水係数は大きく，貫通ひび割れが認められない試験体の透水係数は小さく評価された。

　そこで，構造物の貫通ひび割れ程度を表す指標としては，最小値を示した施工実験時の打継目上部における円周方向の温度ひび割れ指数，および構造物の透水

第7章：中空円筒形鉄筋コンクリート構造物における温度ひび割れ指数と平均透水係数の関係

表-7.1 中空円筒形鉄筋コンクリート大型試験体の温度ひび割れ対策と施工および透水係数のまとめ

		ひび割れ誘発試験体	ひび割れ制御試験体	ひび割れ抑制試験体（加圧水槽）	ひび割れ防止試験体
構造寸法	外径	7.25m	7.25m	10m	6m
	側壁厚	1.25m	1.25m	1m	1m
	外高	5.25m	5.25m	9m	7m
	底版厚	1.50m	1.50m	1m	1m
ひび割れ制御対策	基礎材	（基礎床版）	（基礎床版）	剛基礎版	剛底版
	緩和材	拘束緩和材	拘束緩和材	スリップ材	スリップ材
	打継目の緩和	無し	底版嵩上げ0.5m	頂・底版嵩上げ1m	頂・底版嵩上げ1m
	セメント／セメント量／W/C	（OPC）／420kg/m^3／40%	MPC45% + 高炉スラグ微粉末55%／385kg/m^3／40%	LPC（C_2S 58%）／400kg/m^3／41.3%	LPC（C_2S 58%）／400kg/m^3／41.3%
	冷却	（実施せず）	プレクーリング	（実施せず）	プレクーリング
	養生	（屋内放置）	保温湿潤	保温湿潤	断熱湿潤
施工実験	温度ひび割れ指数の低減	再計算：0.8／不均一：0.8／欠損：0.8／∴0.52	再計算：2.1／不均一：0.8／高炉スラグ：0.8／∴1.34	再解析：2.1／不均一：0.8／∴1.68	再解析：4.6／不均一：0.8／∴3.68
	施工時ひび割れ性状（試験中）（施工後）	側壁ひび割れ9本発生⇒10本に増加（頂版ひび割れは補修せず）	側壁ひび割れ3本発生（半年後の頂版ひび割れは補修）＊2年後側壁は9本に増加（頂・底版に派生）	側壁上面角部のみ微細ひび割れ（透水実験後夏頂版マンホール周りひび割れ⇒補修したが毎夏漏水）	施工時のひび割れ防止確認（5.5年後側壁内面ひび割れ⇒以後漸増）
透水実験	側壁打継目構造	上下段止水材無し⇒上段漏水	上下段止水板⇒両方漏水	上下段水膨張性ゴム材⇒下段一部漏水	頂版無く構造目地に止水板＋下段止水材無し⇒漏水無し
	透水経路別透水試験	0.4MPaで内圧加圧し透水量測定	測定せず（同左）	測定せず	0.2MPaで外圧加圧したが透水せず
	加圧注水法で評価した平均透水係数	4.5×10^{-10}m/s	4.3×10^{-11}m/s ひび割れ直後 5.9×10^{-9}m/s（1年後には1×10^{-11}m/s）	2.0×10^{-12}m/s	

性を表す指標として透水試験時の加圧注水法による平均透水係数とを選定し，その関係を**図-7.1**に示す．

　温度ひび割れ指数が小さい試験体の透水係数は大きく，温度ひび割れ指数が大きい試験体の透水係数は小さくなった．温度ひび割れ指数はひび割れ発生に対する安全率を表しており，温度ひび割れ指数が小さい場合にはひび割れの形状寸法が大きくなり，透水係数が大きくなる．逆に，温度ひび割れ指数が大きい場合，ひび割れ等の止水欠陥が少なく，透水係数が小さくなる．それが，コンクリート材料が有する透水係数と同等にならない理由は，大型の構造物内に打ち込んだコンクリートは，本来のコンクリートと比較して多少材料分離していることと，透水係数が大きめに算定される加圧注水法による評価のためと考えられる．

試験体名	鉄筋比 (%)	再計算による温度ひび割れ指数	不均一性による低減 (0.8)	断面欠損または高炉スラグ微粉末使用による低減 (0.8)	低減した温度ひび割れ指数	加圧注水法による構造物全体の平均透水係数 (m/s)	インプット法によるコンクリート材料の透水係数 (m/s)
誘発試験体	0.32	0.8	0.8	0.8	0.512	4.31 E−10	3.30 E−14
制御試験体	0.64	2.1	0.8	0.8	1.344	4.54 E−11	3.40 E−14
抑制試験体	2.3	2.1	0.8	1	1.68	1.95 E−12	7.50 E−14
防止試験体	0.64	4.6	0.8	1	3.68	1.95 E−12	7.50 E−14
小型試験体	3.6	10	1	1	10	4.20 E−13	1.30 E−13

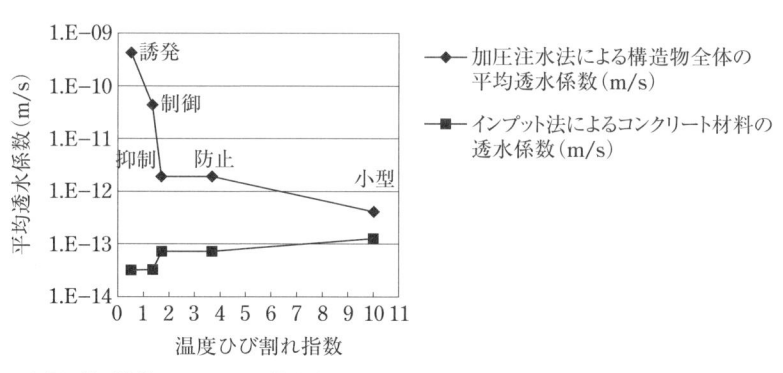

図-7.1 中空円筒形鉄筋コンクリート構造物の温度ひび割れ指数と加圧注水法により評価した平均透水係数の関係

第8章 まとめ

　本書では，各種の温度ひび割れの抑制技術を用いて温度ひび割れの制御レベルを変えた4体の中空円筒形鉄筋コンクリート構造物を構築する施工実験を行い，施工時における温度ひび割れを防止できることを報告している。さらに，鉄筋コンクリート構造物の難透水性あるいは低透水性を評価するために，試験体内空湛水への加圧力と初期注水量により実用的な平均透水係数を算定する方法を採用し，透水試験により温度ひび割れの制御効果を平均透水係数により評価できることを提案している。

　以下に，本書で紹介した結果と今後の課題を箇条書きにして述べる。

●第3章　鉄筋コンクリート構造物の透水性評価方法
(1)　コンクリート構造物からの透水量を測定するには，コンクリート一般部を長期間かかって透過する微量の水蒸気を広い範囲から集め，かつ，ひび割れや打継目を短期間で透過する多量の液状水を止水欠陥から集水することが必要であり，すべての透水量を洩れなく測定するのは困難である。
(2)　コンクリート構造物の透水性は，許容引張強度と同等の引張応力が生じる試験体の透水試験から評価するのがよく，一定温度における中空円筒形試験体の内空湛水に一定の注水圧を加えることにより，湛水への送水量がコンクリート構造物への注水量とみなせることから，注水側の水位測定により透水経路を特定せずに全体注水量を洩れなく測定できる。
(3)　初期注水量は定常状態の透水量より大きくかつ容易に測定できることから，

第8章：まとめ

コンクリート構造物の透水試験から評価できる平均透水性の実用基準を統一するために，一定の注水圧下における初期注水量からダルシー則により大き目の平均透水係数を評価する加圧注水型の透水試験方法を提案する。そしてこの方法を，「加圧注水法」と称する。

● 第4章　コンクリート自体の透水性状
(4)　健全なコンクリートの中空円筒形の鉄筋コンクリート小型試験体の飽和透水試験において，初期に注水量は測定されたのに対し透水量は測定されず逆に吸水する。流出後も常に透水量は注水量より少なく，5年にわたり継続した後の透水量は初期注水量の1/4である。そして，5年間継続した後も定常状態の透水に至らず，質量計測でも注水量と透水量に差のあることを明らかにしている。

● 第5章　ひび割れを制御した中空円筒形鉄筋コンクリート構造物の透水性状
　外径が7.25 m，高さが5.25 mで，側壁厚さが1.25 m，底版と頂版の厚さが1.5 mの中空円筒形鉄筋コンクリート構造物2体についての透水試験を実施し，次の性状を明らかにしている。
(5)　誘発目地や冷熱衝撃を与え，事後解析により温度ひび割れ指数が0.52と評価された鉄筋比が0.32％のひび割れ誘発試験体は，側壁に10本の貫通ひび割れが発生している。加圧注水法により評価した平均透水係数は，加圧力に応じて指数状に増加するが，0.4 MPaのときに4.3×10^{-10} m/sを得ている。透水係数が加圧力に依存するのは，内圧により引張応力が作用し，ひび割れや打継目の剥離幅を広げるためと考えられる。
(6)　温度ひび割れ指数の目標を2.0とし高炉スラグ微粉末を混合した中庸熱ポルトランドセメントや液体窒素によるプレクーリングを実施した鉄筋比が0.64％のひび割れ制御試験体では，当初側壁に3本の貫通ひび割れが発生している。加圧注水法により評価した平均透水係数は経時的に減少したが，中間で実施した加圧力が0.4 MPaのときに4.5×10^{-11} m/sの値を得ている。またひび割れ制御試験体の透水試験中に，頂版中央のマンホールから放射状に5本の貫通ひび割れが発生するとともに，側壁では貫通ひび割れが9本に増加している。

● 第6章　ひび割れを防止した中空円筒形鉄筋コンクリート構造物の難透水性状

低熱ポルトランドセメントを400 kg/m³用いてW/Cを41.3％としたコンクリートを用いた中空円筒形の鉄筋コンクリート構造物2体が難透水性であることを，次のように明らかにしている．

(7)　事後解析により温度ひび割れ指数が1.7と評価された鉄筋比が2.3％の外径が10 m，側壁厚さが1 m，高さが9 mの加圧水槽は，施工時に貫通ひび割れは発生しなかったが，微細な表面ひび割れが側壁の上部打継目上端かぶり部に多数発生している．透水試験の初期に，頂版の4つのマンホールすべてにひび割れが発生し漏水したが，原因は断面欠損および外気温変動による上面と下面の温度差と考えられる．

(8)　プレクーリングおよび断熱湿潤養生をひび割れ対策に追加し，事後解析により温度ひび割れ指数が3.7と評価され鉄筋比が0.64％の外径が6 m，側壁厚さが1 m，高さが7 mのひび割れ防止試験体は，目視調査，水張調査および鉄筋ひずみの計測により，施工時における温度ひび割れを防止したことを確認している．

(9)　ひび割れ防止試験体に発生する初期応力をセメントの水和熱によるものと仮定し，温度と温度応力の解析法の適用性を検証するために，材料および計測データを基に，熱伝達率およびヤング係数の低減係数をパラメトリックスタディにより同定した結果，温度を精度良く解析できれば，温度応力をシミュレーションできる．

(10)　ひび割れ防止試験体には0.25 MPaで5.5年間にわたり加圧注水したが，浸出側では液状水が観察されないばかりか，閉鎖空間の内部絶対湿度上昇および壁面近傍の絶対湿度勾配が水平打継目でさえ検出されなかったことから，水分は未透過と推定されている．なお，透水試験の開始から4年(施工から5.5年)が経過し，側壁内面にひび割れや水平打継目の剥離が発見されたが，ひび割れが非貫通で進展したことから，原因は，透水試験中の側壁の内外における乾燥収縮および吸水膨潤による内面と外面の湿度差によると考えられる．

(11)　側壁コンクリートからコアを削孔して厚さ方向の空隙率分布を測定すると，空隙の存在を確認したことから，水分が透過しない理由は，わずかな注水量がコンクリート内を透過中に未飽和な空隙に貯留されたと考えられる．

(12)　透水試験において定常状態の透水量が得られないので，加圧注水法による

第8章:まとめ

ひび割れ防止試験体の初期平均透水係数は，$10^{-11} \sim 10^{-12}$ m/s オーダ以下であり，難透水性であると評価できる。

● 第7章　中空円筒形鉄筋コンクリート構造物における温度ひび割れ指数と平均透水係数の関係

(13)　4体の中空円筒形鉄筋コンクリート構造物を構築し，加圧注水法により平均的な初期透水係数を評価した結果，温度ひび割れ指数の大きい試験体では，貫通した止水欠陥を抑制でき，平均透水係数は小さくなる。

付　記

　本書の作成にあたって参考とした論文の相当数は，財団法人 原子力環境整備促進・資金管理センターが，経済産業省からの委託で実施した研究の成果を取りまとめて発表したものである。

索　　引

■あ行

アウトプット法　　7，11，28
圧縮強度　　79
アンバランス量　　26

インプット法　　7，11，20，49，105

打継目　　37，84

温度解析　　41，88
温度応力解析　　88
温度ひび割れ指数　　2，33，88，117

■か行

加圧注水法　　13，55，67，117
拡散係数　　7，21，49，106
乾燥収縮　　105
貫通ひび割れ　　15，39，104

吸水　　24
吸水膨潤　　105

空隙率　　50，65
クリープ　　100

恒温湿潤養生　　57
高炉スラグ微粉末　　41

■さ行

自己収縮　　23，78
止水材　　37，53，79，84
湿潤ベンチレーション法　　25，107

シミュレーション　　88
蒸発量測定法　　109
浸透深さ法　　7，20，49，105
浸透法　　7，65

水膨張性ゴム　　19，35，67，79

石灰石微粉末　　35，75
設計引張強度　　21
絶対湿度勾配　　108

■た行

体積弾性率　　7
多重バリア　　2
ダルシー則　　11，29
断熱湿潤養生　　73

注入法　　12

低熱ポルトランドセメント　　74

透水係数　　7，21，49，106

■な，は行

難透水性　　2，5，119
熱伝達率　　93

パイプクーリング　　39
剥離　　53

B種高炉セメント　　79
引張強度　　79
ひび割れ誘発目地　　35

125

索　引

表面ひび割れ　102

ブリーディング　75
プレクーリング　38, 73, 75

平均透水係数　117
ベンチレーション法　54, 106
ベントナイト　2

ボイル・シャルルの法則　62
保温湿潤養生　43, 73
保水　26

■ま，や，ら行

マスコンクリート　1

マチュリティ　90, 96

目詰まり　61

ヤング係数　79
ヤング係数の低減係数　99

有効応力計　84
有効材齢　79, 80

流出法　11

ルジオン試験　12

レイタンス　37, 79

著者紹介

辻　幸和（つじ　ゆきかず）
群馬大学 工学部建設工学科 教授
昭和44年　名古屋工業大学工学部土木工学科卒業
昭和49年　東京大学大学院工学系研究科博士課程修了，工学博士

小西　一寛（こにし　かずひろ）
大林組 土木技術本部技術第四部 主査
昭和50年　名古屋工業大学工学部土木工学科卒業，工学博士

藤原　愛（ふじわら　あい）
原子力環境整備促進・資金管理センター 事業環境整備研究プロジェクト
昭和48年　京都大学工学部資源工学科卒業
昭和50年　京都大学大学院工学研究科修士課程修了，工学修士

コンクリート構造物の難透水性評価　　　定価はカバーに表示してあります。

2004年9月25日　1版1刷発行　　　ISBN4-7655-2479-5 C3051

著　者	辻　　　幸　和	
	小　西　一　寛	
	藤　原　　　愛	
発行者	長　　　祥　隆	
発行所	技報堂出版株式会社	

〒102-0075　東京都千代田区三番町8-7
　　　　　　　　　（第25興和ビル）
電　話　営　業　(03)(5215)3165
　　　　編　集　(03)(5215)3161
FAX　　　　　 (03)(5215)3233
振替口座　00140-4-10
http://www.gihodoshuppan.co.jp/

日本書籍出版協会会員
自然科学書協会会員
工学書協会会員
土木・建築書協会会員

Printed in Japan

Ⓒ Yukikazu Tsuji, Kazuhiro Konishi and Ai Fujiwara, 2004　　装幀　ジンキッズ　印刷・製本　技報堂

落丁・乱丁はお取り替えいたします。
本書の無断複写は，著作権法上での例外を除き，禁じられています。

◆ 小社刊行図書のご案内 ◆

ネビルのコンクリートバイブル

A.M.Neville 著・三浦 尚 訳
A5・990頁

【内容紹介】 世界的なコンクリートの教科書として有名な「Properties of Concrete Fourth Edition」の訳本。コンクリート工学全般を網羅し, 本書独自の最新の知見までも含んだ最新版。著者の長年の現場調査や実務に関連させた研究の経験に基づいて, 建設材料としてのコンクリートの広くそして詳細な見解を示す。コンクリートの特性の統合した見方と, 基礎を成している科学的な根拠を重要視し, 実務への適用性を考慮して解説している。

海洋コンクリート構造物の防食Q&A

プレストレスト・コンクリート建設業協会 編
A5・192頁

【内容紹介】 土木研究所, 日本鉄鋼連盟, PC建協, 土木研究センターの共同研究として1984年から駿河湾大井川沖で実施されている「海洋構造物の耐久性向上技術に関する研究」の成果をはじめ, 防食に関する最新の知見を, 関係技術者や学生諸氏のために解説。Q&A形式の解説は, 塩害の経緯, 劣化要因とメカニズム, 損傷と構造物の性能, 耐久性向上技術, 維持管理技術, などのテーマに分類。関連知識を解説した7つのコラム(Tea Time)も設けた。日本鉄鋼連盟編「海洋鋼構造物の防食Q&A」の姉妹書。

コンクリートの水密性とコンクリート構造物の水密性設計

村田二郎 著
A5・160頁

【内容紹介】 著者のライフワークともいえる「コンクリートとその水密性」について, 総合的に論じた書。コンクリート中の水の流れのメカニズム, 浸透流, 透過流の解析方法, 透水試験方法, さまざまな要因が水密性に及ぼす影響等について解説するとともに, コンクリート構造物の水密性を高めるための設計法を提示する。

非破壊試験を用いた
土木コンクリート構造物の健全度診断マニュアル

土木研究所・日本構造物診断技術協会 編著
A5・234頁

【内容紹介】 非破壊試験による点検・調査方法を標準化するとともに, 広範な普及をはかるべくまとめられた書。10年以上にわたり共同研究を重ねてきた土木研究所と日本構造物診断技術協会では, 1994年に共同研究報告書「コンクリート構造物の非破壊検査マニュアル」, 1998年に同じく「コンクリート構造物の健全度診断マニュアル(案)」を作成したが, 本書は, それらおよびその後の研究成果に基づき, 最新知見を盛り込むとともに, 維持管理の現場における利便性に配慮して解説されている。

コンクリート便覧(第2版)

日本コンクリート工学協会 編
B5・970頁

【内容紹介】 土木, 建築両分野にまたがるコンクリートの材料, 施工に関する知識を網羅的に解説した本格的技術書の全面改訂版。土木学会, 日本建築学会の示方書, 仕様書に準拠しながら, それらの理論的背景まで詳述している。【主要目次】コンクリート概説／コンクリート材料／コンクリートの配(調)合と製造／コンクリートの性質／コンクリートの施工／特殊なコンクリートの材料・施工／各種コンクリート構造物の施工／コンクリート製品／維持管理／試験／鉄筋コンクリートの概要

技報堂出版　TEL 営業 03(5215)3165 編集 03(5215)3161
　　　　　　FAX 03(5215)3233